# 拥抱内向的自己

庄立 著

中国华侨出版社

## 序

在我们生活的外向世界里,内向者时常被认为是"怪人",在很多场合中他们会被认为是"不受欢迎的人",甚至有些人还视内向性格为不良性格。

真是这样吗?答案当然是否定的。

其实任何性格类型都同时存在着积极和消极两个方面,也就是说,无论是内向性格还是外向性格,都既有优点又有不足。那种认为只有性格外向、口若悬河的人才会具备较强的能力,而"性格内向"与"难担大任"之间应该画等号的观点,不仅在理论上是错误的,而且与客观事实也是不相符的。古今中外,许多鼎鼎有名的大人物都是"内向人群",如企业界的巴菲特、比尔·盖茨等;政界的拿破仑、基辛格等;科学界和文学界的爱因斯坦、诺贝尔、卡夫卡、尼采等，不胜枚举。

性格外向者有外向型的优点与缺点，内向者同样也是这样。由于内向者习惯按照自己在特定心态下附加的联想意义来解释外界事物，因此，他们比较习惯于沉浸在个人的精神世界中，日久天长，便逐渐养成了沉稳踏实、喜欢思考、耐心谨慎、自制力强、平易近人、坚韧文静的性格，但有时也有敏感多疑、心绪消沉、胆小软弱、固执拘谨、因循守旧、精神怠惰、行动迟缓的特性。

而这种两面性在不同时间、不同地点、不同条件下会有不同的具体表现。例如，在保尔•柯察金的一生中，便充满了爽朗与抑郁、坦率与孤僻、果断与徘徊等矛盾重重的表现。还有许多著名人物的一生，也往往处于这种状态之中，但他们最终都战胜了自己，战胜了性格的不足，成为顽强不屈、斗志昂扬的人。

本书就是基于此认识，剖析了性格内向者的优势与不足，通过翔实的理论和生动的案例，帮助内向者客观地认知自己，学会如何有针对性地把性格弱点转化为性格优势。当然，本书的目的不是让性格内向者变得热情澎湃、激情荡漾、口若悬河，这是不现实也是没必要的。但是，不热情奔放却见解精辟，不激情澎湃却韧劲十足，不口若悬河却一语中的，则是性格内向者应当追求的目标。

与内向者共勉。

# 目 录
Contents

## 上 篇　我有我的优势：内向者的自我认知

**第一章　优势一**　　**简洁：不是无话可说，而是不说废话**

让你的话"一语中的" / 003

发挥内敛优势，多学、多思、多练 / 006

挖掘天赋，是对自我魅力的展示 / 010

言简意赅，魅力无限 / 013

简单的话，"活"起来 / 017

**第二章　优势二**　　**稳重：沉稳是最好的外在形象**

不慌不忙，不急不躁 / 020

沉着冷静才能于乱中取胜 / 024

言之有理，让人信服 / 028

圆满的话语让人更舒心 / 031

用真诚结束孤独 / 034

先相信自己，别人才能相信你 / 038

## 第三章 优势三　倾听：会说是银，善听才是金

把耳朵叫醒 / 041

在倾听中把握谈话艺术 / 045

培养敏锐的洞察力 / 048

辨清"顺耳话"和"逆耳言" / 052

你要听懂那些没说出来的话 / 055

你微笑，世界也跟着微笑 / 058

## 第四章 优势四　慎言：管得住嘴巴，守得住底线

严把语言关，掂量之后再发言 / 062

言简意赅，达意则灵 / 065

委婉的语言不可少 / 069

批评之言可以不逆耳 / 072

不做"幽怨一族" / 075

那些不能说的秘密 / 078

## 第五章 优势五　幽默：世间最有感染力的艺术

幽默才是你的金口才 / 082

冷幽默也能一鸣惊人 / 086

让别人感受你的智慧 / 089

幽默，让你妙言成趣 / 093

幽默不是搞笑，别弄巧成拙 / 096

面对意外，处变不惊 / 099

## 第六章　技能一　　销售：打动客户心的另类方式

内向性格的人也能做销售 / 102

克服恐惧心理，社交不胆怯 / 105

用专业的态度给顾客吃一颗"定心丸" / 107

通过媒介让你的表达游刃有余 / 110

巧妙化解顾客异议 / 113

首因效应助你留下好印象 / 116

借助优势，应酬有诀窍 / 119

## 第七章　技能二　　演讲：台上三分钟，台下十年功

做一个有备而来的演讲者 / 122

轻松地讲出准备的内容 / 125

上台前先克服一下紧张情绪 / 129

用精神胜利法赶走演讲恐惧 / 132

口吃也要讲下去 / 135

讲一段与众不同的开场白 / 138

## 第八章　技能三　　拒绝：明于说"是"，智于说"不"

说"不"是一门艺术 / 142

避免"拒绝风波" / 145

有些话适合私下说 / 148

巧妙运用暗示拒绝法 / 151

不好拒绝时，缓一缓 / 153

给对方一个拒绝的理由 / 155

## 第九章 技能四　　谈判：一种从技术到艺术的修炼

说点儿题外话，营造谈判的开局氛围 / 158

慎重答复，让答案在脑子里"飘"一会儿 / 161

运用模糊语言的谈判方式 / 165

婉转地说出否定的意愿 / 168

适时地沉默，此时无声胜有声 / 172

## 第十章 技能五　　表白：润物细无声，句句见真情

鼓起勇气，爱要大胆说出来 / 175

试着努力去相信对方 / 179

感情的世界别太"讲理" / 183

别吝啬说那些美好的话 / 186

沟通让彼此更合拍 / 189

# 下篇　做更好的自己：内向者的提升修炼

## 第十一章 修炼一　　恐惧：再也不要害怕和他人交往

社交恐惧更易"青睐"内向者 / 195

如何避免恐惧情绪的侵袭 / 199

克服恐惧先要提高表达能力 / 203

内向不是问题，关键要让自己有勇气 / 207

勿把他人当自己的镜子 / 210

告别悲观心理，不要禁锢自己 / 213

找到自己的优势，克服"人群恐惧症" / 216

## 第十二章　修炼二　害羞：打破心灵的藩篱、自我的囚笼

其实每个人都是不完美的 / 220

如何战胜羞怯心理 / 223

不做羞答答的"玫瑰" / 226

自我减压可以减掉"害羞心" / 229

沉默寡言的背后 / 232

不做抑郁"病毒"携带者 / 235

重燃自信，摆脱负面情绪的纠缠 / 238

## 第十三章　修炼三　自卑：唤醒心中沉睡的狮子

肯定自己，拔掉自卑这株毒草 / 242

发挥内向优势，化自卑为力量 / 246

没有什么值得你自卑 / 249

塑造成功者形象，积极展示自己 / 253

学会欣赏自己，用自信打败自怜 / 256

不卑不亢，受人尊重 / 260

不编织谎言自欺欺人 / 263

了解你在别人眼中的样子 / 267

## 第十四章　修炼四　孤僻：走出自我，拥抱世界

做告别"独唱"的"笼中鸟" / 270

不偏执，就能看到真实 / 273

适应他人，走出孤僻的个人世界 / 277

成为一个既"深"又"广"的人 / 280

外向意识是对待外界的一种方式 / 283

改变思维习惯，不以喜恶社交 / 286

悲观让你逃避，乐观使你沉着 / 291

面对不同人群要持多样态度 / 295

## 第十五章　修炼五　脆弱：让你的心走上强大之路

别人是否讨厌你并不重要 / 299

不要把自我价值附着在别人身上 / 303

别人的未必好，你的未必差 / 306

优柔寡断就是放弃决定权 / 309

你需要改造敏感的神经 / 313

坚强是一种质朴而强大的力量 / 316

越是内向，越要表明态度 / 319

放弃依赖，人格不需要拐杖 / 322

上篇

我有我的优势：
内向者的自我认知

## 第一章 优势一
## 简洁：不是无话可说，而是不说废话

### 让你的话"一语中的"

相信大家都看过电影《大话西游》，电影里对于唐僧的刻画虽然夸张，但从他这个角色上，我们可以看到在沟通中絮叨所带来的负面效果。

在电影中，唐僧在跟自己的徒弟沟通的时候不停地絮叨，猴急的悟空自然是一棒子将其打倒，注定交谈失败。而在唐僧与观音沟通的时候，就连一向慈悲的观音也不得不出手将其制止，这使他又一次遭遇失败的交谈。到了妖怪那里，他的唠叨简直发挥到了极致，让小妖极度崩溃、自杀身亡。虽然救了自己的性命，却不能说是一次成功的交流。

电影里面的唐僧是愿意与人、神、妖交流的，但是他的方式却让人反感。现实中也常常有这样的人，可能不是出于像唐僧那样的慈悲，而只是想凸显自己，在社交场合总是不停地演说、家长里短的，十足的"王婆婆的裹脚布——又臭又长"！如果让这类人去跟客户沟通、谈生意，那么注定会将客户弄得头大，再也不愿意与其相见。

不过，类似的事情往往不会发生在内向者身上，内向的人一般内心活动比较丰富，内心独白多于口头表达，这正是一种优势。内向的人本身羞于与人交流，往往为了表达自我的意思，会用最简短的词语来描述，有时候，当内向的人介绍自己的时候，他们的话语往往就是很简单的："大家好，我是××。"这就减少了说废话的概率，更明确地表达了中心思想。

杰利是一位篮球教练，还有一位副教练叫米瑞，这两位教练在性格上有一些差异。杰利平时很少说话，更多的时候，他只是坐在一旁观察，而米瑞则是一位喜欢解释、喜欢给球员"洗脑"的人。

在带领球队的过程中，当遇到比赛和训练的问题时，米瑞往往需要说很多话才能跟球员解释清楚，让球员们听进去；而杰利经常只需三言两语就能把问题的本质说得一清二楚。大家在分析两位教练的口才表达时，就会说杰利说话很有哲学意味，非常擅长做思想工作，能够起到"醍醐灌顶"的作用；而认为米瑞总是废话连篇，不停地强调篮球理论、战略、技巧，等等，让大家听得耳朵都长出茧子来。因此，两者相比较，大家自然容易听进去杰利的话了。

分析两位教练的性格，可能第一位显得更加内向一些，第二位则外向一些，但是在说话的技巧上，显然第二位没有第一位优秀。人们说话的初衷就是让人能够听进去，对人或事有所帮助，而不是像苍蝇似的不停地说，让人厌烦，还起不到任何作用。

在人际交往中，虽然不鼓励内向的人变成絮叨的唐僧，但也不希望内向的人因为性格局限而一言不发，最好像杰利一样能够三言两语便表达清楚思想，从而解决问题。为了发挥内向的人本身的性格优势，不将其埋没在因为内向而不表达的阴霾中，内向的人可以通过优势锻炼法来让自己拥有他人无法具备的"一语中的"的口才。

**1. 丰富人生经历让你能更加精准地表达意见**

内向的人与外向的人同处在一个岗位，做得往往比说得多，但是由于不善于交流，有时候就会显得词不达意。为了能够让自己说出来的话更加精准，就需要历练自己的人生，读万卷书，行万里路，见多自然识广。通过这种方式，能让自己在观察事物的现象时，一眼看到本质，从而具备掷地有声、语含深意的基础。试比较一个二十出头的人和一个年近半百的人，他们的人生阅历往往有着很大的区别，这也决定了他们对事物的不同看法。有着丰富人生阅历的人往往能够很明确地指出问题所在，从而在表达的时候一针见血。

**2. 尝试提问能够让你逐渐把握说话的要点**

内向的人往往喜欢与自己沟通，遇到一些疑难问题，往往会在内心深处打上千百个问号，问自己原因，并且通过网络或者书籍寻找答案。这种方法虽然能够让内向的人丰富知识，但在表达的时候往往会有局限。长久以来的不表达会造成语言障碍，让人不知道如何表达。因此，对于内向的人来说，首先要训练的就是提问的能力。通过提问，你能够更加明确地表达自己的中心意思，直接了解问题的关键，起到聚焦话题的作用。在提问的过程中，一定要先仔细地听别人对事物的描述、对观点的表达，然后找准关键点，直击靶心。

**3. 自我鼓励能够让你有信心练好口才**

内向的人往往很不自信，遇到一丁点儿问题就会脸红，尤其在说话的时候害怕说错话，让自己和大家尴尬。但口才是练出来的，谁也不是天生就能说会道的。对于内向的人而言，为了训练口才、改变自己，就需要经常地进行自我鼓励。每天对自己强调自己的目的，试着改变自己，告诉自己一定会成功。每天用几分钟的时间想象自己在公众场合演讲、想象自己得到满堂喝彩。每天鼓励自己积极乐观、放声大笑。经过一段时间的锻炼，自我的信心就会得到很大的提升，也不会像最初那样怯场了。

**4.总结经验能够让你不说废话**

说出去的话就相当于泼出去的水，是收不回来的，但是，为了避免同样的错误发生，就需要不断地总结经验。很多内向的人好不容易开口说话了，却在说完之后便开始纠结，总觉得有些话是不应该说或者说得不对。有这样的认识就对了，说明你懂得自我总结，你需要做的就是将已经说过的话记录下来，然后分析哪些话是废话，哪些话是错误的、不该说的，然后让这些话再也不说出口。在这样一个总结的过程中，内向的人也就慢慢地提升了自己。总结经验有助于话语的精准和凝练。

## 发挥内敛优势，多学、多思、多练

内向者在接触一个新的环境、认识一个新的朋友时，在反应和言语表达上总是比外向者慢半拍，这是内向者长久以来形成的习惯。很多时候，并不是说他们的反应慢，更多的时候，只是性格原因，让他们不急于去阐述，让各种思想观念在大脑中进行消化、沉淀。在这样一个过程中，内向者可以通过一些锻炼让话语更加优质、更加精简、更加意味深长。

任何事物都有两面性，没有绝对的好和绝对的坏。内向者的一些特质在很多人看来是不好的，因为他们安静，不喜欢与人接触；保守，不喜欢与人距离太近。而他们做事又缺少冲动劲儿，这虽然在很大程度上制约了内向者口若悬河、滔滔不绝。但在有的时候，这种内敛的性格又能够帮助自己以及他人解决一些棘手的问题。

在美国工业革命时期，大量的矿工忍受不了压榨，终于爆发了历时两年的最激烈的罢工运动。愤怒的矿工们齐聚钢铁公司门口，要求提高工资。劳资双方一直争论不休，矿工们采取激烈的行为对钢铁公司进行破坏，公司便进行镇压，但结果使得民怨更深，矿工们根本不屈服，还发生了流血事件。

公司里有一位不起眼的人，他一直以来都被认为是最安分守己、最内向的人，但正是这样一个人，却帮公司平息了这场干戈。他不动声色，花了好几个星期的时间了解罢工者的情况，并拜访了矿场的营地，私下和一些代表进行了交谈。在做足了准备工作后，便向罢工者代表们发表了简短的解说，阐明自己的立场，说自己既不是股东也不是劳工，但是作为一个负责人，既代表了资方，也代表了劳工，希望能够以朋友的身份跟大家共同探讨共同的利益。这是一次出色的演讲，也是化敌为友的最好表现。

在面对罢工或者其他争论的时候，站在公司立场的人往往容易激动，可能会与对方争论甚至辱骂对方，并且列举各种事例来数落他人的不是，但结果只能是带来更多的争论，让积怨更深，但是这位一直以来不怎么起眼的人却凭借短短的几句话解决了问题。

为了让你说的话能够解决问题，能够让别人有所期待，那么，开始时一定不要反驳或者急于阐述，而是摆正立场，拉近与他人的距离，同时让你的话有深层次的含义。正如这位安抚者一样，简短的一句"以朋友的身份探讨共同利益"，也就是说，为了达到共同的利益，我们是有商量余地的。这样一来，聪明的人都知道无须废话，"我"所要的就是保证自我利益。

其实，内向者不冲动的内在情绪因素往往能够让其更清醒、理智地看待问题，从而有足够的时间来组织语言，让说出来的话更有效。当然，这也需要进行一系列的锻炼。

如何让内向者发挥慢、内敛的优势，让其话语表达得更有技巧，可以从以下几个方面来进行训练。

### 1. 确立表达主题

讲话和写文章一样，要有主题。主题足够鲜明，才能使演说者更加准确地表述出其要表达的意思。古人说："言为心声。"你心里所想的事情通过你语言的传达，能够将最真实的情感表达出来，不矫揉造作，即使是言语朴实、结构平淡，也可以动人心魄。

### 2. 心平气和

俗语常说，冲动是魔鬼！确实如此，人在冲动的时候容易说出一些让自己后悔的话，造成无法弥补的损失。虽然内向者相比外向者而言，在内心情绪的控制上多了一些定力，但并不代表内向者能够完全理智地调控情绪。为了拥有让人百听不厌的口才，一定要让自己的内心平静，可以通过暗示、转移注意力的方法来放松自我，鼓励自己克制情绪异常波动，如此，短时间跌宕起伏的情绪往往在几秒钟内就能够平静下来，所以，在这个以秒计时的瞬间，转移不良情绪，思考问题的关键点、分歧点，想出具有说服力的语言，解决冲突。

### 3. 多听相声

相声是一门语言艺术，一些优秀的相声演员在说相声的时候经常会在相互对话之间埋"包袱"，一句话往往有多重意思，不仔细听根本无法察觉，到别人揭晓谜底的时候，观众就会捧腹大笑，这也正是相声的魅力所在。语言本来就是博大精深的，有时候一些词语通过包装、通过隐藏加工再讲出来，就会引起他人的兴趣，也更加有深意。所以，内向者要学习的就是在不脱离主题的情况下如何包装一句话，在引发共鸣的前提下深入浅出。多听经典相声，从中学习"扔包袱"的技巧，那么你的语言也会别具魅力。

**4.不急于表态**

很多人之所以吃亏，就在于没有管好自己的嘴巴，凡事都喜欢在第一时间不假思索地发言，这种人特别容易招人反感。人的思维和判断是需要时间来反应的，见事就说的人往往没有特别独到的见解，尤其是在进行评论的时候。内向的人虽然比较少犯这种错，但是为了提升谈话技巧，在谈话开始前一定要尽量保持中立、客观，以谦卑的态度跟人交谈，多说赞扬和鼓励的话，少说指责和批评的话。例如，当别人问你一个作品怎么样的时候，可以先思考一下，然后说："作品很精美，颜色也很协调，如果可以的话，在角落处添加一个标识可能会更好。"用这种方式来代替直接表达出来的意见，先赞美，再提意见，这样别人也更容易接受，也更愿意跟你交流，这也是需要内向者在训练口才的时候把握的技巧。

内向的人虽然平时不怎么与人交流，但并不能说他们不会交流。通过多学、多思、多练等方法，让自己的话语更意味深长，这对于内向者来说更加容易掌握。因此，心平气和地听听相声、深思熟虑后表达观点，这不失为内向的人提升口才的方式。

## 挖掘天赋，是对自我魅力的展示

　　内向者本身的特征决定了其特有的生活节奏和生活圈，他们中的多数人不必往返于各种社交场合，不必每天疲于应酬他人，因此，他们有更多的时间来修炼自我，挖掘自己的天赋。一旦潜在的才能被更好地挖掘出来，无论在什么场合，都可以用自己的专业特长来展现自己的魅力，也可以建立属于自己的人际圈子，与大家进行愉快的交流。这样，在与别人进行交谈的时候，也不会因为没有话题而暗自神伤了。

　　从另外一个角度来说，如果具备了某个专业领域的良好知识，在这个领域的优异表现就能让人更加自信，即便是内向、羞涩的人，也会因为某个方面的成就而变得自信起来。在之后的与人交谈中也会底气十足，就算是说错话，也不会因此而感到自卑。

　　虽然每个人并不是都能通过锻炼自我成为天王巨星，但对于内向的人来说，可以通过挖掘自己的一技之长来让自己更有自信地融入社会。作为内向的人，不要因为长期极度的孤独而与世隔绝，不要因为过度地自卑、害羞而让机会溜走，你需要修炼内功，以专业的姿态呈现专业的自己。

　　当然，对于天赋的挖掘也不是一天两天的事情，不仅需要自我发现，还需要进行培养。有的人天生就具有超凡的记忆力，但如果长时间不去学习、不去看书，过了几年也无异于平常人；有的人天生就有一双善于发现的眼睛，如果不走出去观察、不去分析，没过多久，这种潜能就会消失殆尽。

知识体系的更新是非常快的，尤其在如今科技高速发展的时代，很多人的认知已经跟不上时代的潮流，尤其对于一些内向者来说，长期把自己关闭起来，不去感知外界，不与他人交流，就无法让自己的天赋实现质的飞跃。为了让内向者更好地提升自我、展现潜能，需要改变一些观念，进行突破。

**1.给自己挖掘自我的时间和空间**

内向的人有很多的时间进行自我反省和自我挖掘，但是容易陷入自我否定的泥潭里出不来，所以就需要给自己一个比较宽裕的时间，在这个时间内，通过自我界定以及他人的鼓励来完善自己、发觉潜能，铸就在某个专业领域更全面的知识体系，慢慢建立自信。如果做到了，那么，你离成功也就不远了。

**2.力求完美，但不要执着**

无论是什么人，在内心深处都会有不同程度的追求完美的心态，希望任何事情都做到尽善尽美。但是相比较内向的人来说，外向的人更容易在追求完美的道路上过于执着。内向者注重自己的内心世界，最没有办法说服的就是自己的内心，因此对于任何事情都有近乎苛刻的要求，这样让他们自己总是处于不安和怀疑之中。

正如丘吉尔所说"完美主义等于瘫痪"一样，万事拼命追求完美只能让自己的生活陷入瘫痪，用一个不可能的标准去衡量完美，本身就是一种愚蠢的执着。对于内向者来说，请不要执着于完美，尽量做到最好即可。如同在与人交流的过程中，如果因为自己无法表现得完美就不去交流，就只能让自己陷于绝境。要慢慢锻炼，一次比一次好，就是你尽力的表现。

### 3.逐渐融入小圈子，变成成熟的集体人

内向的人一般不容易融入集体生活，也没有什么社交生活，大约有2/3的时间都是在自己家里度过，也不怎么与人来往。没有丰富多彩的生活圈，在与人打交道的时候就会无形中感觉自己被排斥在外。

事实上，并不是别人在排斥你，而是你自己在排斥自己。要解决这个问题，可以先让自己融入有专长的小圈子，如美术班、音乐班、书画班，在这个圈子里面，即便是内向的人，也不会因为找不出共同的语言而怯于沟通。在这样一个小圈子的生活中，内向的人开口与他人交流，慢慢地体会包容性和协同性，就能逐渐地积累经验，为以后顺利融入大环境做好充足的准备。

### 4.让不善变的本性成为你交流的筹码

内向的人少言寡语，外向的人快嘴快舌，这是两者之间比较明显的区别，这也注定了在人际交往中，内向的人更加容易得到人们的信任。

无论是内向的人还是外向的人，往往都喜欢与诚实友善、心口如一的人交流，因为在这样一个交流过程中，不用阳奉阴违，不用时刻提防对方翻脸。虽然外向的人在交际场合容易如鱼得水，但是在人际交往的过程中，内向者不变的本性更容易让人愿意接近，展开更加诚恳、真实和友好的交流。这种带给人以安全感的品质，也是内向者在交流过程中的重要筹码，并且也更加容易争取到与人交流的机会，并训练自己的口才。

提升自我是一个长期的过程，让自己以专业的面貌展现在他人面前，需要进行各方面的培养。要有能够帮助自己提升的圈子，要有积极上进的心理，这些都是内向者需要努力的。

## 言简意赅，魅力无限

不想做将军的士兵不是好士兵，虽然并不是每个人都有成为领导者的雄心，但是以领导者的素质来要求自我是培训自我的最好的方式。对于内行者来说，最需要培训和学习的则是优秀领导在发号施令的时候的那种删繁就简的魄力。

无论是国外的领导者还是中国的领导者，他们在进行首次演说的时候往往不是长篇大论地宣读，更多的是简短的表态，这便是他们的魅力所在——简单而有力。

我们看一下美国的林肯总统在盖茨堡的演讲稿："87年前，我们的先辈在这个大陆上建造了一个新的国度，信奉自由，遵循平等。现在我们卷入了一场巨大的内战，考验我们以及任何拥有这种信念和原则的国家能否生存。今天，我们在这里聚会，应该献出一部分战场给那些为了国家长存而丢失生命的人，让他们安息。但从另一个层面上讲，我们不能放弃这片土地，不能使之神圣化，因为那些曾经在这里奋斗的勇士已经将这块土地神圣化了，远非我们的微薄力量能够再增减。虽然我们今天所说的话不会永存，也不会有特别的标注，但是那些勇士们在这里所做的事情将永存。对于我们活着的人来说，需要继续完成勇士们辉煌而未完成的事业。

为此，我们应该更加坚定逝者们的信念，不让他们白白牺牲，要让这个国家在上帝的庇佑下获得新生，让这个属于人民、依靠人民的政府与世长存。"

林肯总统的演讲词分为4个段落，一共226个字，虽然翻译过来可能没有那般简练，但我们可以看到，整篇演讲稿中并没有长篇大论地讲道理，只是用过去的、现在的事实告诉大家：让大家坚守信念、坚定奋斗目标。没有任何华丽的辞藻，没有任何的说教，但起到了比说教更有力的作用。在短时间内将复杂的问题简单化，这便是内向者需要仔细研究的。

莎士比亚曾说过："简洁的语言是智慧的灵魂，冗长的语言则是肤浅的藻饰。"在古代，中国也有文学家在简洁的语言上下过功夫。

宋代的欧阳修有一次和几个学生外出游玩，在路上正好看到一辆飞奔的马车将一条躺在路边的黄狗给轧死了，于是欧阳修便让学生们用词语将刚才的所见所闻说出来。

第一位学生首先用"劣马正飞奔，黄犬卧通途。马从犬身践，犬死在通衢"进行描述。另外一个学生用"有犬卧通衢，逸马踏而过之"描述，虽然第一个学生表述得很明确，第二个表述得也相对简洁，但是欧阳修仍然不是很满意，在思索片刻后用6个字将整个事件描述下来："逸马毙犬于道。"

看到欧阳修用如此简洁明了的词将事件清晰地表达出来，欧阳修的学生们对此赞叹不已，这也成为中国文坛上的一段佳话。

其实，作为一个学者，能够做到将事件不啰唆地表现出来是一门高深的学问。而在说话的时候，将这门学问引入进来更是不简单。内向者如果想练就这个本事，就要在日常的生活中下功夫。

**1.先从笔述开始，删除多余词句**

要想具备领导者那种用简单的几句话就将复杂的事情说清楚的本领，

要从文字本身下功夫。对于内向者来说，有更多的时间和心力来训练自己的这个本领。将看到的事情用一段文字表述出来，开始的时候，可能为了更加准确地描述事件，会加入一些形容词、关联词等。等书写出来后将字放在桌面上细读，然后删除不必要的词。如果第一次描述是这样的："今天早上，我的同学小明在马路上捡到了一个钱包。"那么在第一次的删减过程中，可以删除"我的同学"和"马"字，别人关心的是人物、事件，并不会过多地关心人物之间的关系，比起"马路"，"路"已经能够表明地点了，所以不必赘述。在进行了第一次的删除后，可以再进行一次删除，"今天"和"了一个"也可以删除，你要描述的就是"小明在路上捡到钱包"。当然，我们还可以通过阅读文言文来了解中国古代博大精深的文字，这样更有助于理解文字上的删繁就简，也可以通过修改他人文章的方式将一些多余的字眼删除，训练的时间久了，自然也就能够领悟其中的真谛了。

**2.摒弃主观用语，用事实阐述观点**

无论是内向者还是外向者，都很容易在交流的过程中先入为主地将自己的想法用一些观点性强的词语来表述，如，我觉得、这简直、真不该等类似的词语。这种词语本身只能代表你自己，根本无法做到公正可信。在林肯总统的演说词中根本没有任何主观的表态的词语，而是完完全全的阐述，虽然在阐述的过程中有很强的主观性，但是隐藏得非常巧妙，告诫大家的就是一直以来祖辈坚定的自由、平等；战士们为之奋斗的自由、平等；现在人们为之努力的自由、平等。没有用"我们应该武装自己""以自由平等为信念""让我们大家共同努力"之类的话语。这种用事实说话的方法往往具有比任何观点性的话语更加铿锵有力的表达效果。所以，请正在训练自己口才的内向者记住这一点。

### 3.厘清逻辑顺序，拒绝乾坤大挪移

人们在认定一个人是否具有说服力的时候，往往会通过他说话的逻辑性来进行判断。很多人，尤其是一些外向的人为了更快、更直接地说服别人，往往是正着说、反着说、不停地说，整个话语没有连贯性，也没有逻辑性，让人摸不着头脑。即便口才再好，也无法让人愿意再次与他交谈。当然，也不排除一些外向却逻辑性强的演说者。在这一点上，内向者本身的特征让他们有更多的时间来思考，能够更好地厘清自己的逻辑，让表述的话语更加连贯，同时通过琢磨的过程将一些不必要的词语进行删除，这样一来，其表达出来的意思就显得更加清晰明确、有道理，别人也愿意倾听。这也是内向者发挥优势的地方。

优秀的领导者往往具备一些以说道为生的演讲者所不具备的将话语简短凝练的素质和技巧。因此，内向者可以从优秀的领导者身上学习他们说话的技巧，还可以多看看他们的演讲稿，再通过日常的训练、总结，让自己具备这类素质，让自己在交流的过程中拥有一定的话语权。

## 简单的话，"活"起来

无论对于工作还是生活，我们都不喜欢枯燥乏味，在听故事的时候更是喜欢听一些有趣的、生动形象的故事，故事情节当然重要，语言表述的多样性也很重要，人都是猎奇性动物，对于一些新鲜的、未知的事物更有兴趣。所以，对于内向者训练口才来说，就要把握大众的这一心理，让自己的话语"活"起来。

想让自己的表述更加有生命力，更能激起他人的兴趣，需要努力训练自己的语言风格，在不同的场合，面对不同的人，根据人物性格以及场合运用不同的说话策略。

虽然并不是每个人都能够练就出众的口才，让自己的话能够起到出彩的效果，但是，为了增加人与人之间的沟通，内向者可以借助一些训练，让自己的话变得出彩，让人愿意与你交流。

### 1.训练自己讲故事的本领

相信很多人都是听故事长大的，如《白雪公主与七个小矮人》、《拇指姑娘》、《吹牛大王历险记》、《皮皮鲁》，等等，这些故事都为孩子们的童年打开了一扇窗户，让他们看到了多彩的世界，感受到了清新的空气。这些故事多以历险、逃离危难开始，让孩子们的耳朵和心灵都跟着故事走。故事中跌宕起伏的情节能吸引孩子们持续关注故事的进展。

从这个角度出发，内向者如果想要训练口才，让自己的语言更加吸引人，就要从讲故事开始。每天，让自己在一个固定的时间段想一个有趣的故事，将遇到的有趣的人和事物通过先设置悬念的方式进行组织，然后讲出来，如果一次不成功，可以再进行一次尝试。也可以看纪录片里面的一些侦破故事，将他们的讲述技巧运用到自己的言语中来，经过一段时间的训练，一定能够让你的语言表达更引人注意。

**2.将单向的自说自话变为双向的互动沟通**

内向的人有时候会在一个封闭的场合对着自己说话，这种没有听众、没有互动的方式只能让内向的人继续内向，在语言的表达上也无法让其有生命力。为了提升训练等级，在与人沟通时能够让时间持续一些，内向的人可以将单向的自说自话转变为双向互动。找一个亲近的人进行练习，在交流的过程中增进互动，多提问题，也让别人多提问。比如，吃完早饭或者午饭后，可以跟自己的父母进行交流，如果想要对饭菜进行评点，可以先问制作材料、制作过程，然后再探讨是否还能做成其他的菜式。通过这种日常的训练，可以增强内向者的口头表达能力，让他们不再是一个人自说自话。

**3.变换表达形式，让话语听起来有吸引力**

在跟人聊天的时候，可以用疑问句、反问句。如想告诉他人有特殊事情发生的时候，可以对他说："你知道吗？今天发生了一件奇怪的事情。"还可以在表达的时候将事件倒叙性地讲出来，或者将正话反着说。通过这种方式，往往可以引起别人的兴趣，也能让沟通持续下去。也可以用停顿的方式来营造特殊的效果，让人先有一个想象的空间，然后再揭晓谜底，这也是一种让自己的语言"活"起来的方式。

### 4.学会运用比喻,让话"舞动"起来

无论是写文章还是说话,一些形象生动的比喻往往能够让话语"活"起来。有时候还能将一些无法用简短语言表达出来的意思活灵活现地展现在他人眼前。比如,在形容别人家的孩子活泼、好动的时候,你用太多的语言进行形容,都不如用小鸟来比喻这个孩子显得更加贴切,一方面指出了孩子那种自由自在、活泼好动的性格,另一方面也体现出了孩子的那份天然、纯真。还有类似的,如形容雨下得很细,就可以说雨丝像线一样;想要表达火车的速度快,可以说像奔驰的骏马,等等。这些都能让你的话语不再死板,而是像飞舞的蝴蝶一样活跃起来。

### 5.适当的夸张能让你的话语更生动

我们虽然不主张在与人交流的时候过分夸张、口若悬河,但是为了让自己的语言更加生动,适当地引入夸张的词句是一种值得借鉴的技巧。中国古代著名诗人在表达忧愁的时候就有这样的诗句:"白发三千丈,缘愁似个长。"虽然有点儿夸张,却将愁思表现得淋漓尽致。类似的夸张形容还有很多,都成为脍炙人口的名句:"飞流直下三千尺,疑是银河落九天。"这些都是将适当的夸张引入言语的表达中,起到了让话语更生动的效果。在训练自己的口头表达能力的时候,也可以适当地运用夸张。

当然,为了让自己的语言"活"起来,通过讲故事的方法进行锻炼,或者通过设置疑问句,变单向表述为双向沟通,这些都需要时间的积累,也需要知识的积累,更需要生活中的积累。一口吃不成一个大胖子,一步无法登上喜马拉雅山,所以,内向的人从现在开始,积累、训练,再积累、再训练,让水滴石穿,那便离成功不远了。

## 第二章 优势二
## 稳重：沉稳是最好的外在形象

### 不慌不忙，不急不躁

如果《三国演义》里面的张飞和关羽正在就一件事情进行辩驳，作为与这件事情不相干的人，如果让你进行判断，你是选择听张飞的还是选择听关羽的呢？抛开历史对这两个人性格的探究不说，如果让大众进行选择听信一方的言论，相信大多数的人都会选择相信关羽所说的。

这是什么原因呢？答案是第一印象。两个人虽然都是武将，但是与张飞相比，关羽显得更加沉稳；而张飞给人的第一印象是暴躁，反应在人们心里的第一感觉便是：这个人不太靠谱。而关羽给人的印象则是比较稳重，人们会觉得这个人比较靠谱，所以，当两个人互相辩驳的时候，人们普遍更偏向于相信稳重、靠谱的关羽。就算是张飞说得再头头是道，人们也会将更多的信任分投向关羽。

从这个方面来说，为了让自己在人际交往的过程中得到更多的信任，一定要戒急戒躁。

当孙叔敖担任楚国高官的时候，全国很多官吏都来道贺。在这前来道贺的官吏中，有一个年岁很高的长者，不仅没有任何的祝贺之词，还戴着一顶白色的帽子，穿一件粗布衣。即使是这样，孙叔敖不但没有怪罪他，还礼貌地接待了他，并且耐心地询问这位老者前来吊问的缘由。

老者说，如果身份很高贵的人对人态度傲慢，老百姓会将他除掉；如果身居高位却想独揽大权，国君就会厌恶他；如果有丰富的俸禄还不知足，那就无法长久。做官的就应该是官职越高，越没有架子；职权越大，越小心；俸禄越多，越不贪求。如果能够谨守这三条，就能够更好地协助治国了。

试想一下，如果换作另外一个鲁莽的人，发现自己好不容易官居高位却来了这样一个不速之客，唯恐避之而不及，更别提听这位老者讲大道理了。然而，作为一个成熟稳重的人，在与老者进行沟通的时候，放下自己的身段，不为突如其来的变数或者不协调而大动干戈，谦卑地听取他人的建议，这也正是孙叔敖在社会群体中获得更多支持，树立正面积极形象的好方法。

口才的训练并不是一直不停地说，而是在该说的时候说，在不该说的时候懂得听别人说，懂得闭嘴。内向者往往因为不会说或者不愿意说而在该说话的时候不说话，而有时候却因为一时间抑制不了内心的情绪，在不该说的时候全说出来。虽然在这个时候，可能你出色的口头表达能力会让大家为之震惊，但当人反应过来之后，你成熟稳重的形象可能就要大打折扣了。

### 1.不该说的不说

不该说的时候不说是很多长辈在教育晚辈的时候经常说的话。确实如此，在人与人的沟通中，最忌讳的就是在不该说话的时候不停地说以及不该说的话瞎说。在大家都非常愤怒、需要时间冷静的时候，即便是想缓和紧张气氛，也不随便张口，这是一种高明的做法。同样，在自己还不明白别人的来意，也没有听清楚别人所说的话的时候，就不要因为一时的愤怒而开口。祸从口出，说的正是这个道理。对于内向的人来说，他们比较容易在人群中将自己置身事外，却无法在激动的时候克制情绪，从而说一些不该说的话。所以，在那种情况下一定要克制情绪，忍一忍、静一静，让自己平息下来，闭口不言。

**2.急话慢慢说**

遇到急事，如果能沉下心思考，然后不急不躁地把事情说清楚，会给听者留下稳重、不冲动的印象，从而增加他人对自己的信任度。这对于内向者来说尤为重要，遇到重大事件，一定不要慌了手脚，慢慢地讲明事情的前因后果，不要让自己的舌头不听使唤，吸口气，慢慢来，风风火火地表述并不适合你。

**3.暗示自己保持稳重**

人与人之间的交流存在着一种无形的气场，而你的气场的强弱是否与他人相符取决于你的气质。良好、积极的气质也是在平日的谈吐、处世中体现出来的，这需要在平日里忘掉一些令自己激动的因素，对待任何事情，只就事论事，不带太多的个人主观情绪，这样就能保持一种更加中立的立场，也更容易让自己成为大家信赖的对象。这也是内向者在表面上具备的一种素质，为了表里如一，就需要更加勤于思索、加强锻炼。

**4.不开低级趣味的玩笑**

说话有分寸、讲礼节，内容富有学识、词语雅致，是言语有教养的表现，这都是在与人交流的时候需要重点培养的。当然，在与人交流的过程中，还要尊重和谅解别人，不要随便开低级趣味的玩笑，这也是有教养的重要表现。如果为了营造气氛、迎合他人的品位而经常开一些没有意义的玩笑，只能让人觉得你这个人本身也是低级趣味的，与稳重相去甚远。内向者即便是为了训练自己的口才，也不要做类似的事情。

**5.不作无谓的争执**

脾气急躁、爱惹是生非的人往往给人一种爱出风头、爱争执的印象，遇到任何跟自己的意见相左的观点时，总是喜欢作一些争执，非要分出一个高下，有时候甚至是说错了，将白的说成了黑的，他们也喜欢固执地再次将白的说成黑的。这种人给人的印象自然不会好到哪里去，人们在与他们交流的时候也会避开一些观点上的分歧，以免惹祸上身。虽然，小范围的意见相左能够增长见闻、扩充知识，让自己不再闭门造车，但是喋喋不休、无谓的争执却给人留下不好相处的印象。所以，在与人交流的过程中，一定不要过于执着、誓死分出高下。

沉稳的形象不是一天、两天就能树立的，金字塔也不是两三天建起来的，但是人的形象往往会因为一次、两次不当的言语而瞬间被摧毁。所以，作为内向的人，在训练口才的时候还是需要更多地保持成熟稳重的形象，不要说一些与形象不相符的话，这样才能得到他人的信任。

## 沉着冷静才能于乱中取胜

面对问题的时候，有些人会手忙脚乱、不知所措，而有的人则能沉着冷静、从容应对。在这一点上，由于性格中内敛、少言、善思等特质的影响，内向者应该占有较大的优势。也就是说，内向性格的人更容易在遇到棘手的问题时沉着面对，而不是惊慌失措。

我们知道，沉着冷静是一种良好心态的体现，也是一个人成熟稳重的重要标志，这种素质不仅能够帮助人们在危急的时候化险为夷、在紧急的时候顺利完成任务，而且还能增强一个人的气场，提升一个人的魅力。

米娜大学毕业之后一直没有找到合适的工作，经历了漫长的过程后，她终于在一家高级珠宝店谋到了一份差事。

一天晚上，轮到米娜值班，她微笑着、友善地招呼每一个前来柜台选购珠宝的顾客，耐心地解答顾客提出的问题。因为只有自己一个人，在高峰期的时候，米娜有点儿应接不暇。

晚上7点钟，来店里逛的顾客高峰过去后，人渐渐少了起来，店里也慢慢安静下来。正当米娜松了口气、准备坐下来休息一会儿时，店里突然进来一位衣衫褴褛的年轻人，只见那个人神情紧张，鬼鬼祟祟地盯着柜台里的那些珠宝首饰。正在这个时候，柜台上的电话铃响了，米娜起身去接电话，却一不小心碰翻了柜台上的一个碟子，里面的6枚宝石戒指掉落到了地上。米娜急忙去捡掉到地上的戒指，但是找了好一会儿也没有找到第6枚戒指。

此时，米娜抬头看到刚才进店的那个男人正慌慌张张地转身往外走，她觉得非常不对劲儿，顿时明白第6枚戒指在哪里了。想到这里，米娜的心立刻跳到了嗓子眼里，但几秒钟过去之后，她便镇定下来，深吸了一口气，平静地叫住了那个正要推门出去的男人："您好，先生！"

听到米娜在叫自己，那个男青年转过身来问道："有什么事情吗？"米娜注意到男青年的脸因为紧张而不停地抽搐着。

见米娜一直看着自己，却迟迟不开口说话，男青年更加紧张不安。沉默了几十秒后，那个男青年终于按捺不住内心的不安，再次问道："有什么事情吗？"

米娜这才不慌不忙、不紧不慢地对男青年说："先生，这是我的第一份工作，现在找份工作真难，您觉得呢？"

那位男青年非常紧张地看着米娜，过了一会儿，他抽搐的脸上浮现出了一丝笑容："找工作确实不容易。"

两个人对视了一会儿后，米娜微笑着说："我觉得，如果换作您是我的话，您一定能够在这里做得非常好。"

听完米娜的话之后，男青年愣了一下，随即走到米娜面前，将紧握拳头的右手松开，然后握住米娜的手说："谢谢你这么说，祝你工作顺利！"米娜立即愉快地回应道："我也祝您好运！"两只手紧紧地握在一起。

男青年转身离开后，米娜才从容地走向柜台，将刚才丢失的第6枚戒指放回到盒子里去。

试想一下，如果在现实生活中，你遭遇这样的情况会作出什么样的反应呢？相信大部分人会吓得大喊大叫，直呼"抓小偷"。如果你足够幸运的话，这么做或许能帮助你解围，找到丢失的戒指，但如果你面对的是一个穷凶极恶的歹徒，那后果将不堪设想。

米娜深知这么做的风险性，所以她选择沉着冷静地应对，正因为这样，她才得以摆脱险境，并且成功地找回了丢失的戒指。

可见，在遇到突发事件或者紧急事情时，惊慌失措不仅于事无补，甚至还会让事情恶化，最好的应对方法应该是保持冷静、沉着镇定，只有这样，才能帮助自己于乱中取胜。

那么，如何拥有这种从容不迫的应变能力呢？在此，列出以下几点建议：

**1.增强自信**

那些一遇到大事、急事就慌张的人，其内心必定没有足够的自信。正是因为怀疑自己的能力、担心自己处理不好事情，心里才会感到不安，越不安就越慌乱，越慌乱就越表现不好，越表现不好就越没有自信，如此恶性循环，镇定从容也就遥遥无期。而内向者或许没有太强的自信心，但是他们善于发现问题、分析问题的本领却能在关键时刻起到作用。因此，如果内向性格的人能再多一些自信，加之上述的优良特质，在棘手的场合就更容易沉着冷静地讲话了。

**2.学会有效地控制自己的情绪**

在现实生活中，那些一遇到一点儿变化或突发事件就惊慌失措的人，往往不能很好地控制自己的情绪，他们一旦情绪失控，就变得手足无措、慌张不已。所以，想要拥有沉着冷静的心态，你应该学会有效地控制自己的情绪。比如在你感到六神无主、不知所措的时候，尝试做深呼吸，并且不断提醒自己："冷静，一定要冷静！"只要情绪稳定了，处世也会从容、镇定许多。

### 3.拥有一套属于自己的处世风格和原则

在处理问题时，我们要有自己的主见，相信自己的决断，这样可以锻炼自己在关键时刻果断定夺的能力。有了这种能力，即使遇到再棘手的事情，也可以沉着从容地应对。

### 4.训练处变不惊的本领

处变不惊的人往往给人一种内敛、高雅的气质，而如何造就自己处变不惊的本领呢？曾经有一个人为了让遗失多年的骨肉至亲在短时间内适应上流社会的生活，便魔鬼似的训练她，在她吃饭的时候故意摔碎茶杯，让她练就眼观但不闻的习性。除此之外，在她进厕所的时候故意放死老鼠在厕所里，锻炼她的应变能力。经过一段时间的训练，这个人终于练就了一身处变不惊的本领，融入了上流社会的圈子。虽然，我们鼓励每个人真实地表现自我，但是，在需要掩饰的时候还是要好好隐藏自己内心的那份冲动，这样才能在社交场合成熟、稳重地处世。

毋庸置疑，面对同一件事情，惊慌失措、六神无主和沉着镇定、泰然自若这两种状态所引出的结果是有着很大差别的。因此，在遇到这样或那样的突发事件时，如果想要顺利解决，你就应该学会沉着冷静应对，镇定从容地说出自己的看法。

## 言之有理，让人信服

人们每天都在说话，但是，如果有一天，别人说你说话没有道理或者不讲道理，那么你一定会很生气。作为听众的他人，有权发表自己的观点和意见，而你也需要根据判断、分析，看看他人对自己的评价是否合理。

对于内向的人来说，当自己好不容易开口说话后，如果当场就被人否定，心里肯定会不舒服，这是正常现象，但如果就此气馁，那便永远也不能拥有能够说服他人的口才。说话"言之有理"本身就不是一件容易的事情，需要说话的人所拥有的见解力以及思辨能力高于平常人，也需要平日多多积累，这考验着内向者平时听与辨的能力。

我们看到一些优秀的演讲者在进行演讲的时候说的话具有说服力。如果仔细听，便可以发现，他们往往在讲述一个问题的时候会引入具体的数据和案例来支持自己的观点，让自己的话语更有说服力。

对内向的人来说，如果要在表达的过程中树立这样的形象，有以下几个关键点需要注意：

**1.适当引入数字，让话语更深入人心**

如果你要劝大家每天坚持看书，那么，你可以用这段话来告诉大家："如果每天花10分钟看10页有用的书，那么每年就可以看3600多页书，30

年后便是11万页书。你是选择做一个学者,还是选择做一个成天只顾玩游戏的人?"这样说是不是会比直接说"每天坚持看书能够让你成才、让你增长见识"更有说服力,这便是数字的用处。对于内向的人来说,在与人交谈的过程中,如果想让自己的话语更有力度,可以适当地加入数字,用数字来说话。

**2.锻炼使用"因为"和"所以",让语言经得起推敲**

逻辑思维能力是一个人在说话过程中能够得到别人认可并且能够带领大家思路的重要素质。有时候,内向的人的逻辑思维没有问题,但在表达的时候却容易前言不搭后语,出现紊乱,这便严重影响了自身言论的可信度。想克服这个缺点不仅需要多掌握知识,还需要在平时的日常交流中加以注意。可以在表达之前想清楚事情的原因、经过、结果,按照这个顺序将事件阐述出来,如果一次不行,训练两次、三次,反复训练,让话语跟上思维,逐渐前后连贯。

**3.不要做传声筒,对没有把握的事情谨慎处理**

一些人在听到别人的趣闻的时候觉得很新鲜,往往不假思索就传达给其他的人,也有一些好打听他人隐私的人喜欢将别人的事情宣传出去。作为正常人来说,两只耳朵听到的东西有时候会比一张嘴巴说出去的东西多,尤其是内向的人。那么,为了不让自己成为一个不可信的人,不要瞎说话,对于一些自己没有把握的事情不要说。随随便便当传声筒的人是最不容易让人信任的,也最容易被他人排挤,即使为了训练口才,也不要做类似的事情。

**4.开口之前想清后果,实现不了就不要承诺**

人们常常说,没有金刚钻,别揽瓷器活儿。在与人交流的过程中,能够实现诺言、能够助人为乐当然是一件好事,但如果根本实现不了承诺,那就不要承诺。你的一句承诺可能变成别人的期望，期望一旦落空，你再怎么解释，别人都不会相信。对于内向的人而言，说得比较少，做得比较多，即便如此，也要仔细思考自己是否能做到之后再承诺。

**5.狼来了的故事言犹在耳，不要做失信的人**

狼来了的故事大家都知道，道理也都明白。而在说话的时候，往往不被引以为鉴。如果随意揣测他人的事情，说一些并不存在的事情，甚至搬弄是非，那么只会让你在人际交往中成为过街老鼠。对于内向的人而言，要做一个成熟、有修养、认真、有责任感的人，就不能胡说八道，不能让"狼来了的故事"发生在自己身上。

虽然，我们并不要求内向者能够引经据典，但是，如果想要锻炼让人信服的口才，就需要将稳重的性格融入话语中，在与人交谈的过程中，尽量有理有据、言之有理，对于没有把握的事情，一定要谨慎，不要随便承诺，这样才能让你获得更多的加分。

## 圆满的话语让人更舒心

在日常生活中，每个人的说话方式都不一样，而说话方式往往在一定程度上反映了人的性格特征，也决定了一个人在人际交往中受欢迎的程度。稳重并且深谙话语之道的人在人际交往的过程中会衡量话语的轻重，会思索话语说出去之后作用于他人的结果，会更多地顾及他人的感受，而这种人在人际交往中会让人觉得舒适，也会让人觉得是会说话的人。

内向的人在很多时候都活在自己的世界中，不知道如何与人沟通，在说话的时候可能好不容易开口了，却没有过多地顾及他人的感受，往往在不经意间说出伤害他人的话，还不自知，这就需要在平日的锻炼中多站在他人的立场来思考，将自己放在他人的位置上，看看当自己听到这个话的时候是否会不舒服或者反感，如果是，就换一种让别人更加容易接受的方式，让自己的言辞更加恰当。

曾国藩家书中有这样的记载，咸丰八年，也正是湘军事业如日中天的时候，曾国藩的九弟曾国荃趾高气扬，为了让自己的弟弟注意平日的言语，曾国藩给九弟写信，劝他不要高傲、多言。

信的内容大致如此："自古以来，因不好的品德招致败坏的有两种：一是高傲，二是多言。尧帝的儿子丹朱有狂傲与好争论的毛病，此两项归为多言失德。历代名公高官败家丢命，也多因为这两条。我一生比较固执，很高傲，虽不是很多言，但笔下语言也有好争论的倾向。沅弟你处世恭谨，还算稳妥，但温弟却喜谈笑讥讽，听说他在县城时曾随意嘲讽事物，有怪别人办事不利的意思，应迅速改变过来。"

曾国藩看到自己弟弟的不良表现，并没有劈头盖脸地直接呵斥，而是通过古人的事例旁敲侧击，让弟弟能够以此为鉴，还将自己固执、好争的性格当作反面教材告诉曾国荃，同时，以安抚的方式先赞扬自己的弟弟，然后加以提醒。通过这种方式，曾国荃就不会有抗拒的心态，能比较平静地听曾国藩的话。虽然这是通过书信的方式来表达观点，但也着实值得大家在训练自己表达圆满言辞时本着拿来主义的精神进行学习。

说话的方式有很多，如何使言辞恰当是比较高深的语言表达技巧。内向的人虽然具备沉稳、多听、多思的特性，不过要想训练良好的表达能力，还需要多做功课。以下几点值得我们借鉴：

**1.学会掌握说话的态度，让你与他人更亲近**

无论是与亲近的人交谈，还是与陌生人交谈，轻声细语地说话都能有效地缩短两个人之间的情感距离，让双方的关系加深。试想，为什么有的父母能够与孩子以朋友的方式相处？这跟父母与孩子在沟通过程中所表现出来的态度无不相关。轻声细语更能拉近父母与孩子的距离，减少争执的概率。同样，与他人沟通也是如此。并且，轻言细语能够给人带来一种恭敬、文雅的印象，让人产生好感，正所谓和气生财，也是这个道理。内向的人要练就不凡的口头表达技巧的前提条件就是先轻声细语地说话，展现男性的大度文雅，抑或是女性的阴柔之美，让人感到你是宽容、厚道、温柔、善良的人，这样才能与他人建立友好的谈话基础。

**2.站在对方的角度思考，让言语多一些关心和温暖**

很多人都会遇到这样的问题，本来是想跟一个人好好交谈，让他们能够理解自己的良苦用心，但到头来却变成了口角之争，最后往往变成无言的结局，使大家心里都不好受。这是为什么呢？很多时候，出于好心的言语，如果不是站在对方的角度来说，就会让对方难以接受，甚至是想到其他的地方去了。本来是怕对方吃得太少、没有营养，你一句："你不多吃点儿，瘦得就只剩下骨头了。"可能就会被人误解为你嫌弃对方太瘦。很多时候，与人进行沟通，最关键的就是要从对方的角度来思考，让话语多一点儿关心，多一点儿温暖，少一些贬义词，少一些批评，少一些不良形容，这是内向者在训练口才时需要特别注意的地方。

**3.以平等的立场来对待人与人之间的沟通**

有过被老师拉出去进行思想教育经历的人都特别反感背诵似的思想教育，人站在那里，听得耳朵都出茧了，道理自己都能背出来，却没有任何作用，下次还会犯错。人与人之间的沟通，无论是大人与小孩、孩子与孩子还是大人与大人，在沟通的过程中，要想有效地达到沟通的目的，前提是站在一个平等的立场，让自己和对方都感觉是对等的，这样，双方才能实现沟通最基本的目的。也只有这样，才能在沟通的过程中增进互动和交流，让沟通少一些障碍。对于内向的人来说，首先要将自己放在一个与他人平等的位置，然后再与人沟通；其次，也要让他人感觉到你是以一个平等的心态来对待他们的，这样才能有利于增进交流。

**4.少一些大道理，以更容易让人接受的词来表达**

曾国藩在跟自己的弟弟讲道理的时候，并没有大篇幅地说"傲"和"言"有多么的不好、应该怎么做，也没有和他长篇幅地说为官之道、要谨言慎行，等等。更没有说现在自己的家族所处的地位，需要家人更加注意被他人忌妒，等等，所有的话只是用简单的古人的教训来表达，大家都是聪明人，在交谈的时候只需要点到为止，说得太直白反而起不到这种效果。所以说，在表达的时候少一些大道理，以简洁明了的方式让你的表达更加圆满，你便成功地传达了你的思想，别人也能在短时间内明白你想要表达的意思，你的目的便达到了，也无须多言。

圆满的话语能够让人觉得舒心，别人也愿意与这样的人交流，这需要在表达的时候更多地考虑他人的立场、更多地观察和分析他人思考问题的方式，以更符合他人和容易被他人接受的表达方式来阐述思想，这都是内向的人在训练口才时要加强训练的，只要你肯下功夫，你一定能成为一个考虑周全、受人喜爱的人。

## 用真诚结束孤独

看过《功夫熊猫》的人应该都还记得那个傻傻的熊猫阿宝，它从最开始的不受重视、招人排挤，到最后成为万人拥戴的"大侠"，它这一路走来，艰辛和汗水自然不用多说。但是，它不屈不挠、与人为善，争取融入师兄师姐的生活中，得到它们的信任，到最后得到它们的帮助。这也说明了一个道理：成功的路上，一定要真心地结交朋友，与朋友们共同迈向成功。

内向的人有时候会羡慕外向者朋友众多，无论何时都能呼朋唤友，而自己却有时候拿着电话，翻着电话本，根本找不到可以倾诉的对象。这个时候，他们内心的苦闷也没有任何人能够分享。

外向的人之所以能够成为社交场合中的佼佼者，主要是因为他们需要与外界的人和事物进行沟通交流，获取能量，如果让他们停止下来，那他们就失去了潜在的动力，无法生活。因此，外向的人很容易被外在的东西所吸引，他们需要通过这种接触来获取动力。而在与陌生的任何事物接触的过程中，他们的兴趣驱使他们不抗拒、不害怕。但是内向的人则正好相反，他们很少与外界交流，过着封闭的生活。

而要改变现有的这种状况，内向的人就需要逐渐主动地接触人和事物，结识朋友，在这种场合中汲取一些内在思索以外的能力，让自己不再羞于开口，让自己不再孤单。

罗明是一位天生性格有点儿内向的人，他所在的公司的同事大部分都是性格外向的交际型人才，因为这个原因，罗明感觉自己已经开始被边缘化。有一次，罗明跟自己的朋友聊起这件事情时很是苦恼。

李肃之前也跟罗明有同样的苦恼，后来在一位朋友的指点下，终于走出了困境，赢得了事业上的成功。在发现罗明处于自己以前的状况的时候，李肃仿佛看见了当初的自己，于是他将自己的经验分享给罗明。他告诉罗明，虽然内向，但是在该表达意见的时候一定要勇敢地表达；虽然安静，但是在工作的时候应该积极主动地干活，更多地开展一对一的互动交流，让上司了解你的做事风格；在一些其他的场合展示你个性的一面，比如攀岩、跳伞等，这样，就可以主动构架起别人对你的认知，让别人更全面地认识你。经过李肃的指点和耐心的开导，罗明也开始改变一些方式方法，逐渐地，罗明也在事业上取得了一定的成绩。

一个人的力量毕竟有限，如果罗明没有李肃这个朋友，估计长时间都会处于被动状态，被遗忘在一个不知名的角落，最后也会被自己建筑的囚牢禁闭一辈子。事实上，朋友的力量是无限的，朋友能够帮助内向的人慢慢走出边缘化的阴霾，开辟出自己的一片天空。

很多内向的人往往都是将自己囚禁在一座孤岛，只懂得在孤岛上独自生活，因为习惯或者是害怕，不懂得跨跃邻近的海域去寻找孤岛以外的同伴，这就注定了他们将孤老终身。为了改变这种现状，就需要跨出第一步，在邻近的岛屿中寻找同伴，通过交往寻找安慰、寻找共鸣，通过大家的力量来逐步实现突破。

**1.选择对的朋友**

一个人如果没有朋友，就不能称其为合格的人，但如果朋友太多、太泛，也不见得是好事。对于内向的人来说，为了保证自己在人际交往中的质量，不误入歧途，在朋友的选择上一定要谨慎，有"目的性"地选择适合的朋友。一般情况下，主动选择交友的对象一定要是自己喜欢的，当然，也需要对方喜欢你，这样，才能保证与对方有共同的感情基础，才能建立良好的友谊。除此之外，在选择朋友的时候一定要建立在相互信任的基础上，如果对方怀疑你的真诚，你就需要拿出你真诚的心来对待，如果对方无法交出自己的真诚，那么就不要选择这样的朋友，也不要试图与对方建立你们之间的关系，即便是建立了，没有信任的友情也是不会长久的。

**2.真心对待朋友**

很多人都感叹朋友很多，知己很少，这是现代人普遍面临的一种局面。在人与人之间的关系被蒙上了一些附加值之后，童年时代的那种单纯的友情就变成了奢望。但是，也不要灰心，要以一颗真诚的心来对待朋友，让他们感受到你的真诚。但是要切忌，朋友不是用来利用的，尤其是挚友，一旦朋友之间掺杂了一些利用的元素，那么，你们之间的诚挚的友情也将一去不复返。

### 3.用心经营友情

朋友除了有福同享之外，还需要能够分担彼此的压力、分享彼此的经验，这样往往在拉近距离的时候让彼此都共同成长。如果朋友正面临一项艰巨的任务，无法完成，你要想办法帮助他，如果帮助不了，至少要帮助他舒缓紧张的压力。这种为朋友的付出需要发自内心，而不是建立在权衡利弊的基础上。只有这样，朋友之间的友情才能长久，就算是因为时间和距离的关系不能经常联系，也不会因此而变淡。所以，好好地经营你的友情吧，它会给你带来无限的温暖。

### 4.与朋友分享心得

内向的人往往能够与自己性格相似的人成为朋友，当然，也不排除性格迥异却有共同兴趣爱好的人成为朋友。一旦与他人成为朋友，就要找时间来分享心得，告诉朋友自己的近况、遇到的事情，这样就能够得到朋友的鼓励和支持，也能从朋友那里得到一些有益的指导，更能训练自己的口头表达能力，这便是朋友的价值，一定要充分分享。

内向的你，想改变自己的现状，走出孤独，就需要在日常生活中留心，结交一些有"质量"的良师益友。这是一个需要精心挑选的过程，在这个过程中，你要睁大眼睛，才能让自己选对重要的朋友，获得真正的友谊。

## 先相信自己，别人才能相信你

很多偶像剧、电影在塑造人物形象的时候都会将主人公塑造成一个勇敢、自信的人，在经历一系列的挫折后，最终获得了幸福。为什么很多人喜欢看这类电视剧？主要的原因是人们内心深处都崇拜这类人，并且电视给人制造了这种概念：这类主人公最终都会获得他们想要的幸福，因为他们有一颗坚定的心。

虽然这只是电视情节，但现实生活也是如此。人活在现实世界，如果没有一颗坚定的、相信自己的心，根本无法获得独立和坚强，也得不到快乐和认可，永远也无法实现梦想、获得成功。

很多内向的人之所以在人际交往中受挫，大部分原因就是不相信自己能够在人际交往中得到认可，也不相信自己能够做到外向的人那样如鱼得水。其实，人与人之间并没有太大的差距，只要正确地认识自己、全面地看待自己、看待他人，你就能发现其实自己并不差。

曾经有一位人事经理小张，自上任之后就每天面对一堆工作，从早忙到晚，总是累得趴下了才回家。回到家后也没有太多的时间跟自己的妻子和孩子交流。时间长了，夫妻之间、父子之间就出现了问题。他与妻子和孩子的相处也变得非常奇怪，没有了温馨，只有冰冷、简单的问答。

终于，有一天，孩子受不了了，大声地对小张说："你根本就不是一个称职的爸爸。"听到儿子说这样的话之后，小张很是自责，他自知自己不是一个好爸爸、好丈夫，也一直深陷其中，没多久便跟自己的妻子提出分居，希望能够好好想清楚。小张的妻子听到这个事情以后便告诉小张，逃避并不能解决问题，要慢慢地融入家庭中来，慢慢地扮演好父亲和丈夫的角色，相信自己能够做好，并且告诉小张，自己也坚信自己的丈夫能够做好。

妻子的鼓励给了小张很大的勇气和信心，经过大半年的时间，小张每天都培养自己好好地跟儿子沟通，帮助妻子分担家务，微笑着面对家里的成员，渐渐地，一个其乐融融的家庭就回来了。

小张一时间没有正确地处理好工作与家庭的关系，在受到孩子的指责后，也觉得自己不是一个称职的父亲。面对突如其来的打击，小张一时间失去信心也是很自然的事情，但重要的是他能够在妻子的支持下重拾信心、努力改变，让自己的家再次恢复温馨、快乐。

人不是天生就会处理各种关系、积极应对各种变化的，都需要有一个习惯和改变的过程。也正是在处理这种变化的过程中，人才能变得更加完美，并不断地提升对自己的认识。对于内向的人来说，正是需要这样的认识。

### 1.相信天下无难事

内向的人如果想提高自己的口才，首先就要坚信通过自己的努力，任何事情都难不倒自己，只要自己确定了目标，那么就一定能够实现。基于这点，每天给自己一点儿鼓励，对着镜子说："我要做一个成熟稳重、能够准确把握语言的人，我一定能够做到。"通过这种心理暗示，就会多一些信心，在遇到困难的时候也不会一味地退缩，那么，你在训练自己获取成功的路上就多了一份坚定，多了一个获取成功的筹码。

**2.让朋友支持你**

人们常说，两个人分担一份痛苦，就只有半份痛苦；两个人分享一份快乐，则拥有两份快乐。那么，如果有两个人支持你，你就多了两份坚定。对于内向的人来说，训练口才是一条漫长的路，不仅自己要有信心，还需要朋友的鼓励和支持。所以，在这条艰苦的道路上，首先让朋友知道你的信念坚定，然后让他们在中途给予你信心、帮助你锻炼，那么，你就又多了一个获取成功的筹码，离目标也就更近一步，步伐也能更快一点儿。

**3.大胆跨步向前走**

你向前走一小步，你离成功就近一大步。训练口才本来就需要时间和经验，因此，在这个过程中，你要抓住任何可以训练你口才的机会，大胆说话，不要害怕，勇敢地将自己的意见和看法中肯地表达出来，当然一定是符合自己本身性格的沉稳，这样，才能让大家相信你所说的，也能让你对语言的驾驭越来越掌控自如。

**4.每天给自卑的心灵一点儿养分**

人人都不是天生的强者，都会有一些自卑，但生活在这样一个充满挑战的社会，自卑往往让人止步不前、步步为营。但是，如果你逃避、掩饰，那么，你自卑的心就会日益滋长，到最后掩盖都掩盖不了，如果你选择每天给自卑的心灵一点儿养分，每天安抚一下，给自己一点儿信心，那么，你那自卑的小窗口也会日渐变小。如每天早上起床跟自己说，今天比昨天好；晚上睡觉的时候跟自己说明天会更好，这样的内心对白说得多了，你就会慢慢有自信、慢慢成长。

从现在开始，树立自己的目标，坚信自己能克服任何困难，坚信成功就在眼前，勇敢地迈出第一步，让朋友、家人看到你的努力，让他们相信你、支持你，让大家见证你的成长，那么你就是一个有为的年轻人，成才

## 第三章 优势三
## 倾听：会说是银，善听才是金

### 把耳朵叫醒

俗话说："会说的不如会听的。"其实，在人际交往方面，听的作用还真是不亚于说。内向者通常少言多听，这是其性格的优势，需要好好把握和利用。

人际关系专家经研究发现，很多人没有好的人际关系，原因不在于说错了什么或是应该说什么，而是因为听得太少，或者不注意听所致。这样的人会有如下表现：对方还没发表完意见，他们就打断谈话，迫不及待地说出自己的观点；在一个小时的谈话中，他们滔滔不绝地讲了50分钟，不给别人说话的机会；当对方兴致高昂地与他们说话时，他们却身在曹营心在汉，一直处于神游状态，完全没有听清对方在说什么。很少会有人愿意与这样的人交谈，更不要说与其成为朋友了。

内向性格的人看完这段话可能会哑然失笑，觉得这种情况有点儿不可思议。其实，是因为内向的人性格使然，大多不会如此，而个别外向性格的人却会这样，他们总是不停地在说，却很少去听。

这些人不知道倾听的好处和作用。在此，我们一起分享一下。

一般来说，认真倾听别人讲话有三点好处。

其一，会给人留下谦虚好学、诚实可信的好印象。在小说《傲慢与偏见》中，丽萃在一次茶会上专注地倾听一位刚刚从非洲旅行回来的男士讲非洲的所见所闻，几乎没有说什么话，但分手时，那位绅士却对别人说，丽萃真是个知书达理的好姑娘。

其二，能避免说出不成熟的意见而造成尴尬的局面。

其三，善于倾听的人常常会有额外的收获。比如，蒲松龄虚心听取路人的述说后，得到了很多写作灵感，从而写出了流传千古的《聊斋志异》；唐太宗善于倾听众人的意见，收获了很多治国策略，从而成为万民拥戴的君主；齐桓公倾听鲍叔牙的建议而提拔管仲，从而成为"春秋五霸"之首；刘玄德善听诸葛亮的计策，从而使蜀国成功地鼎足于三国之中。

一位心理学家曾说过："以同情和理解的心情倾听别人的谈话，我认为这是维系人际关系、保持友谊的最有效的方法。"

的确，在人际交往中，善于倾听可以为你加分，让你交到更多的朋友，而且还有可能为你赢得一些宝贵的机会。

去年国庆节的时候，方梓岩去外地旅游。在回来的火车上，他遇到高中同学李冰清。闲聊中，方梓岩得知她目前在一家知名外企的上海分公司工作，这次是去北京出差，方梓岩感到奇怪：那家外企的门槛很高，没有丰富的工作经验或硬一点儿的关系是很难进去的，于是他便问道："你怎么这么厉害，能进入这家公司？"

李冰清笑了笑，说道："其实，进入这家外企纯属偶然。大学毕业那年，这家公司为了开拓日本市场，就到我们学校来招收一名日语专业的学生。我的专业虽然不是日语，但因为二外是日语，会一些简单的日常对话，我就抱着试一试的态度加入了应聘的队伍。没想到，我竟然顺利地通过了两轮笔试，进入最后的面试。轮到我面试的时候，主考官说了几句中文，让我与另外一个学日语专业的学生进行翻译。之后，他就让我们两个用日语对话几分钟，话题由我们自己定。于是，我们就按照要求开始口语对话。对话一结束，我就觉得自己输定了，因为对方的口语说得非常流利。但出乎意料的是，主考官竟然宣布我是最后人选，让我一个星期后去公司参加培训。"

方梓岩疑惑地问道："原因是什么？"

李冰清解释道："我也问了主考官同样的问题，他说，在我们俩对话的过程中，我一直在认真地看着对方、倾听对方的讲话，并不时地点头表示认可，没有打断过对方，显得很有修养。而对方自认为是日语专业的学生，有些盛气凌人，说话也咄咄逼人，想在语言方面压制我，这让主考官很反感。而且，主考官还说了一句让我更意外的话，他说，他根本听不懂日语，让我们俩对话就是想观察我们讲话的表情，从而判断我们的交际能力。他觉得我很符合要求，就决定将机会给我。"

可见，李冰清之所以获得这个炙手可热的职位，靠的正是自己善于倾听的优势。尽管在这次面试中，李冰清本来处于劣势，但是她善于倾听别人说话的习惯为她扭转了局势，结果反败为胜，得到了很好的工作机会。因此可以说，善于倾听对我们的人际关系有百利而无一害。

当然，倾听说来容易，做起来却不简单，它并不是只要我们用耳朵来接收对方的信息就可以了，真正的倾听是要将耳朵、眼睛、神态结合在一起，用心体会对方的话语，这样才能达到有效沟通的目的。以下是几种倾听技巧，如果将其灵活运用，身为内向性格的你就可以成为一个合格的聆听者。

### 1."面子"上的功夫要做好

"你的表情对对方的谈话总是在做出自然的会心呼应。"这是人际关系学中的观点。的确,我们的表情在倾听的过程中也是至关重要的,正所谓"有动于衷必形于外"。例如,当我们的眼睛注视着对方,表明我们对他的谈话非常有兴趣;如果我们总是东张西望,就说明心不在焉,心早就跑到了九霄云外了;而当我们有事想离开或觉得谈话内容很枯燥时,我们就会下意识地看表。所以,当聆听别人讲话时,我们一定要注意自己的面部表情,要展示给对方一副充满真诚的神情。

因此,内向性格的你虽然善于倾听,但是你更要"带上合适的表情"去倾听,这样对于你和交流对象的互动会大有裨益。

### 2.适时地提个问题、做个评价

在倾听过程中,你不能一直沉默不语,只是竖起耳朵听,这样,对方就会觉得自己在说单口相声,可能会因此而停止说话。你应该适时地提个问题或对其所述做个评价,这可以表明你不仅在认真倾听,而且对这个话题很感兴趣。比如:"真的有这种事情?""你这个想法很有创意。""如果你这样做,效果应该会更好。"等等。

### 3.对于不懂的事情不要装懂,而应及时提问

有些内向的人由于害羞、胆怯,在听别人说话的时候,对于不懂的事情虽然很想弄明白,可碍于面子,不好意思提问。可当对方问你的想法时,你便一时语塞,让自己很难堪。所以,如果没有理解对方话语的意思,或者对其观点有疑问,你就要及时地说出自己的疑惑。一般情况下,对方是很愿意给予你更清楚的解释的。这样,你就可以厘清混乱的思路,更好地倾听后面的谈话。而且,这样的提问会让对方知道你听得很认真,对他的话很感兴趣,会让他有遇到知己的感觉,愿意与你交谈。

此外，内向性格的人需要注意的是，当你认真去听别人说话的时候，可能免不了会有一些感到无聊的时刻，让自己心生疲惫。即便如此，你也不应该生硬地打断对方的谈话或突然插进一句话、转移话题，这是没有修养的不礼貌行为，会让对方反感。你可以委婉地提醒对方时间不早了，表现出希望再约时间进行交流的意愿。这样，既不会对对方的自尊心造成伤害，也可以为下一次约见找一个合适的理由。

## 在倾听中把握谈话艺术

真正的智者大智若愚，在交谈中话不多，却能够正确地传达思想、解决他人的疑惑，这其中的一个重要原因就是懂得聆听他人说话，剖析他人言语之中的关键点，发觉最真实的问题，这便是大智慧。

观察一些外向者，他们往往在社交场合滔滔不绝，甚至抢话说，将自己摆在一个很高调的位置，忽略他人的感受。虽然他们得到了关注，却给人一种过于自我的感觉，不被人喜欢。但一些内向的人却因为善于聆听而得到多数人的好感。其实，这正是谈话的艺术。交谈的过程是说与听互动，说得太多，听得太少，或者听得太多，说得太少，都无法达成平衡。

李利是一位求职生，一天，他去应聘某公司的高级文秘，在这个面试过程中，他遇到了一名口若悬河的面试官。李利是进入该公司最后一轮面试的两名求职者之一，在面试一开始，面试官就滔滔不绝地向他介绍这家公司的情况，李利开始感觉很轻松，边听边点头，但慢慢地发现，面试官越说越兴奋，而且没有重点，根本不给自己发挥的机会。

李利开始感觉有点儿紧张，就试图掩饰自己的不安，并且趁面试官说话的间隙转换一个话题，改变被动的局面。不过，他很快发现这不管用，面试官根本不予理会，仍然在不停地表现自己。这时，李利放弃了，他采取了"以静制动"的方法，在面试官的表达出现卡壳的时候便进行恰当的提示，尽量让自己融入他的演讲中，不断点头、微笑。终于，"演讲"结束了，面试也结束了，最后，李利被录用了。

在这样一个面试过程中，李利放弃了通过抢夺话语权的方式来展现自我，而采取了倾听面试官的方法，从而获得了面试官的认可。社会心理学告诉我们，"听"的魅力来源于人们对"抚慰"的需要，它不仅是获得信息的渠道，而且具有安抚人的躁动心理、宣泄人的心理能量的功能。

很多时候，在交流的过程中，倾听他人说话本身也是尊重他人、展现自我的一种方式。而大多数的人找人聊天，无非就是渴望找到懂得倾听的耳朵，需要的是可以宣泄自己内心的不快和委屈的对象，因此，内向者要懂得运用自己的这种优势，因为你是天生的倾听者。

**1.聚精会神地聆听**

在与人聊天的过程中，内向者一般是安静的倾听者。在这样一个听的过程中，如果全神贯注地聆听，就能够了解对方在话语中体现出来的思维，通过信息的收集，能够很好地把握谈话者的脾气性格，了解到他的兴趣，如果在适当的时候给予对方一些有利的建议，那么就很容易得到认可、受到青睐。这需要集中精神地倾听他人的话语，如果在听的过程中思想开小差，那么就不可能获得他人话语中最精华的部分，无论是商务交谈还是日常交流，三心二意地听别人说话都会让人对你产生不满，造成不良影响。

### 2.尊重他人，耐心听完他人的讲话

有很多人在说话的时候找不到重点，说话的时候零散无比，让人摸不着头脑。但是，为了能够更好地了解他人的想法，就需要多花一点儿时间来倾听。如果你有足够的耐心，那么你总能够听懂别人在说什么。作家鲍威尔曾说："我们要聆听的是话语中的含义，而非文字。在真诚的聆听中，我们能穿透文字，发掘对方的内心。"而通过别人的话语了解他们的内心是需要时间和耐心的，如果没有足够的耐心，你永远也体会不到他人话语中所要表达的真实意义。

### 3.在听的过程中增进互动

在听别人说话的时候，如果像木头人一样，只是单纯地听着，两只耳朵竖起来，心也在听，但是没有任何的反馈，那么对于讲话的人来说，就会觉得自己在对牛弹琴，也没有办法与你产生共鸣，那么，这次沟通就是失败的。因此，要促成一次成功的交谈，不仅要认真地听别人说，还要在适当的时候加入一些表情，如点头、微笑，如简单的"对"、"是的"，等等。这些都能够让对方感觉到与你之间是存在沟通的，也不会因为你默不作声、没有反馈而将你忽略掉。所以，想做一个得人心的听众，就需要沟通，对于内向的人来说，特别要注意，一定要在听的过程中适当地给予别人回应，不能呆若木鸡。

### 4.不要随意打断他人说话

有一些自以为是的人，因为长时间扮演听的角色，而在扮演的过程中又不耐烦，就特意找出另外一个话题，希望能够通过这种方式将之前没有意义的谈话直接结束，但很多时候都是事与愿违，不仅带动不了别人，反

而让人觉得他们很没有礼貌、很突兀。要想成为一个受人欢迎的谈话对象，就不要随意打断他人的话，也不要随意打断别人的思路，更不要随意地表态或者加入自己的评论，这些都是不好的习惯，一定要改掉，不要因为一时的意气让自己失去获取对方信息的宝贵的机会。

倾听是谈话过程中最需要掌握的一门艺术，倾听会让你获得对方的信息，还能增进自己的人缘。倾听是说话的前提，有效的倾听能够搭建起一座心灵的桥梁，了解别人的想法，说出别人爱听、能够听得进去的话。所以，如果你想在各种场合都成为受欢迎的人，那么首先就要学会听他人说话，并做到多听少说。

## 培养敏锐的洞察力

内向者不善言语，有时生活在自己的世界里，如此便能够帮助他们锻炼善于思考、把握他人说话的细微表情的能力。内向的人如果通过一些训练，就能够具备敏锐的洞察能力，从而更好地察言观色，以不变应万变，把握住沟通的主动权。

察言观色是一切人情往来中的基本技术，一个不会察言观色的人往往会在一些交际场合出"糗"，不知道把握人们谈话的风向标，时不时地制造尴尬局面，这样的人犹如在大海中航行不知道如何掌握舵柄，在风浪中翻了船还不知道原因在哪里，注定其是一个失败的舵手，也注定不受人欢迎。

三国时期，吴国国君孙亮虽然性格内向，但是思维却很活跃，洞察事物的能力非常强，常常能够透过事物的表象找到问题的解决之道。有一天，孙亮想吃生梅子，便吩咐黄门官去库房将浸着蜂蜜的蜜汁梅取来。

而黄门官是一个心术不正的人，他与掌管库房的库吏有点儿小恩怨，正愁没有机会报复，于是趁取蜜汁梅之际，将几颗老鼠屎放了进去后，拿给孙亮。孙亮发现老鼠屎后非常生气，亲自审问，便下令召来库吏，问他："黄门官是否是从你那里取的蜜汁梅？"库吏吓得面无血色，结巴地回答道："是的，不过，我给的时候里面没有老鼠屎。"黄门官便开始与库吏争执，始终没有结果。孙亮想了一个办法，就是把老鼠屎刨开，如果里面是干的，那就是刚放进去没多久，如果里面是湿的，那就是放置时间较长，最后终于真相大白。

我们不得不承认，孙亮是一位心思缜密的人，他能够抛开事物的表面现象分析其内在的本质，掌握事情的原委，还原公道，确实具有非凡的本领。

在如今这个弱肉强食的年代，危险和陷阱时刻都在考验我们的智慧，如果不培养自己敏锐的洞察力，认真观察、透彻分析，很多时候就会被表象所迷惑，或者被谎言欺骗，到最后就会分不清是非对错，无法把握自我，最终后悔不已。

而想要锻炼察言观色的本领，需要在与人交流的时候注意对方言语之外的事物，如眼神、动作、声音，等等。这样才能更好地分析他人说话的真实意图，这都是内向者要学习的。

**1. 从穿着上了解对方的性格**

每个人在选购衣服的时候往往会将自己最真实的内心状态表现出来。

一些喜欢穿戴华丽衣服以吸引他人目光的人往往喜欢出风头，有强烈的金钱欲望；穿着朴素的人则大多缺乏主见、自信，容易与人争吵；而喜欢穿着比较时髦衣服的人根本不知道自己真正喜欢的是什么，内心比较孤独，情绪也容易不安；喜欢在穿着上标新立异的人往往以自我为中心，个性强硬；而一些突然改变服饰穿着的人往往是因为出现了不想面对的事情，想逃避现实。当然，还有一类人对流行既不追逐，却逐渐改变，这类人一般比较中庸、理性，不会做出格的事情。通过观察他人的穿着就可以大概了解一个人的性格，在交往的过程中也能避免触碰一些引爆点，让交谈在安全区内进行。

**2.通过对方的眼神分辨其心理**

眼睛是心灵的窗户，人内心中的欲望和情感首先是反映在眼神上，视线的转移、瞳孔的扩散和集中都是关注度的表现因素。俗话说，江山易改，禀性难移。要想了解一个人的本性，最好的方法就是看眼睛：眼神涣散，表明无心听取、不感兴趣；眼神坚定，说明早已胸有成竹、稳操胜券；眼神阴沉，表明心狠手辣；眼神恬静有笑意，说明非常满意。当然，眼皮的状态也表明了一个人的态度，如果向上扬，说明对方对你很不屑；如果眼皮下垂，说明对方心事重重。通过观察人的眼睛，就能把握社交中的主动权，以不变应万变。

**3.观察脸部"微表情"**

"微表情"往往是在1/4秒的时间中流露出来的最真实的表情，一个人如果撒谎或者想掩盖真实的想法，会通过另外一种表情来掩饰真实的表情，所以，对于内向的人来说，要把握人的真实心理，就要学会捕捉最真实的"微表情"。发自内心的满意，往往嘴角会微微向上扬；发自内心的愤怒，往往会眉头紧锁；发自内心的恐慌，往往眼睛周围的肌肉会紧张、不安，会用双手触摸下颚或者额头，焦躁，会坐立不安，等等，这些都是人脸上的表情，在听和观察的时候一定要仔细捕捉。

**4.试探性地提问**

通过观察人物的表情和动作甚至是眼神，虽然能够把握一些细微的神情，但毕竟有一定的不稳定性，尤其对于一些喜欢隐藏自己的老手来说，内向的人往往因为经验不足，很难洞察到他们的真实世界。这个时候，可以通过一些试探性的提问，诱导他们将自己的性格、想法暴露出来，尤其是可以问一些你本来就已经了解的事情，让对方以"是"或者"不是"来回答，看看对方是否能够真实地面对，这样也能从他们的言语中了解他们的性格特征以及一些真实的想法，这样才能更好地掌控全局、了解真相。

言谈能反映一个人的性格、品质乃至流露内心情绪，而衣着、表情、眼神则能够体现出这个人最真实的想法以及最真实的感情，虽然敏锐的洞察力容易让人敏感、受伤，但是利用你的洞察力察言观色，进行推理和判断，从而实现良性沟通则是一门高深的技艺，它能让你在人际交流中无往不利。

## 辨清"顺耳话"和"逆耳言"

我们常说人最重要的不是金钱,也不是权势,金钱和权势都是生不带来,死不带去的,但是品德和品行却能够一直流传,甚至超越生命。古人云:"凡举大事者,必以人为本;凡择贤良者,必以德为先。"而但凡有德之人都是有着超凡的度量、懂得倾听的人。

自古以来就有"忠言逆耳利于行"的说法,但是无论是古代的国君还是现代的普通人,有谁不愿意听好话?有谁愿意听对自己不利、数落自己的言语?这不仅仅是言语本身,有时候甚至是心灵的打击。尤其对于内向的人来说,更是心灵的创伤。

但是,有所建树的人却能够容忍他人更多逆耳的建议,以帮助自己改善言行。正确的思想并不是人自出生之前就在头脑中固有的,也不是从天上掉下来的,更多的来自于生活和实践。而如何在短短几十年的时间内拥有正确的思想,就需要认真地倾听他人的言语,从中汲取知识、智慧,增长经验和才干,这才是真正意义上的海纳百川。

魏征是唐朝著名的政治家,以直谏敢言著称。有一次,魏征在朝堂上与唐太宗争得不可开交,作为当朝帝王的李世民实在是听不下去了,但碍于脸面,不想在大臣面前丢了自己广纳谏的名声,只好强忍住怒火退了朝。

回到内宫，见到了长孙皇后，唐太宗便跟皇后说："总有一天，我要杀了这个乡巴佬魏征以泄愤。"皇后听闻详情之后，回到自己的更衣室，换了一套朝见的礼服，向李世民下拜。唐太宗不明缘由，问道："你这是何故？"长孙皇后说："恭喜皇上，我国拥有这样正直的臣子是陛下英明、我国之福祉，我要向陛下祝贺！"听完这话之后，李世民的满腔怒火也熄灭了，此后对魏征的话也很用心地听。魏征死后，唐太宗很是难过，并且将魏征比作镜子，说魏征作为一面镜子，能够让他发现自己做得是否正确，魏征死后，就少了一面好镜子。

"夫以铜为镜，可以正衣冠；以古为镜，可以知兴替；以人为镜，可以明得失。我常保此三镜，以防己过。今魏征逝，遂亡一镜矣。"这便是唐太宗对魏征的肯定。作为一国之君，他将大臣的话听到心里，并且检讨自己的言行，着实难得。

有德行的人往往能够正确地对待忠言和顺言，对于一些逆耳的忠言，从中找出有价值的东西，检讨自我、提升修养；而对于一些顺耳的言语，在接受的同时谨慎处理，不让自己飘飘然、不知自我，这是为人处世需要谨记的。

### 1.善听逆耳之言

如果想要提升自己，就要学会面对"不好听的话"，从中去认识、去检验、去提升、去改变。一句不好听的话，如果你不去听，就无法发现其中关系到自己的缺点，一味地不去面对缺点，那么你就永远无法突破，也无法找到解决的方法。人们都喜欢发现别人身上的缺点，往往无法看到自己的缺点，因为眼睛永远长在自己的脸上，无法翻过来看自己。但是，通过别人的眼睛、别人的言语，找到各种对自己的不同看法，就能够发现自己的缺点，还能够给自己提供更加周详的思路，让自己今后的为人处世更加成熟。

### 2.不失态、不失言

逆耳之言对你的袭击,考验了你的做人态度和处世修养。如果你能做到安之若素,那就说明你是一位懂得分寸、有修养、素质高的人。在社交场合,如果听到了对自己不利的话,一定要控制自己的情绪,不要冲动,也不要失态,更不要失言,不然只会引起更激烈的争论,使矛盾升级,从而伤害彼此之间的情感,也会造成更加尴尬的局面。因此,在听到逆耳之言时应冷静地多想想对方的话是否有根据,采取得体的方式作答,或者先避开,等双方都心平气和的时候再进行沟通,找出问题的症结所在。

### 3.分辨真心和假意

很多人都知道,即使明明知道别人说的是奉承的话,但是却觉得很舒服。人都喜欢听赞美的话,因为赞美的话听起来能够让人舒服。但是你要知道,为什么别人要赞美你呢?你能够从赞美的话中厘清真实与虚伪以及话语背后的陷阱吗?如果一个人无端地对你谄媚、夸奖你,那么在很大程度上说明这个人有求于你,所以在这个时候,你要保持警惕,对于一些在情理范围之内的事情可以予以帮助,但是对于一些在情理之外的事情,最好不要因为被夸得不知道轻重而随便答应。

### 4.坚定立场

听是一门艺术,分析是一种智慧。无论你听到了顺耳的言论,还是逆耳的言论,都要让自己坚定立场。对于一些有偏差的逆耳之言,一定要找适当的时间对散播者讲清楚;对于公正的逆耳之言,要反思自我、及时改正。在听别人说的过程中一定要有坚定的立场,不要因为他人的观点和言论影响自己的分析和判断,被别人牵着鼻子走,一定要有自己的立场,才能在各种场合掌控自如。

无论是忠言还是逆耳的话,既然已经说出来了,就要坦然接受。即便是内向的人也会有情绪波动的时候，在听到一些不好的言语时也要控制自己的情绪，让自己能够更好地聆听、尊重他人说话的权利，然后进行公正、理性的分析，总结经验，提升自己，这是一个逐渐提升的过程，也是一个锻炼自己的机会，要好好把握。

## 你要听懂那些没说出来的话

有些时候，我们会遇到一些人在说话的过程中欲言又止、闪烁其词，甚至露头截尾，然而，往往就是那隐藏的一两句话，包含了最有价值的信息。这个时候，就需要我们能够捕捉到"弦外之音"。

俗话说"听话听音"，话语的"弦外之音"在表面上是看不到的，但它传达的信息却极为微妙，而且稍纵即逝。对于内向的人来说，在平日的待人接物中往往比较敏感，也正是其敏感的特质可以让内向的人更好地听话听音，观其色、察其心、知其思。

当然，要完全无误地捕捉弦外之音，还需要从细处着眼、从细节入手，细心捕捉有价值的信息，准确、细心地辨别各种言外之意，要善于"察言观色"，善于让自己的思维"跟踪"谈话对象，透过现象看清实质，这也是人际交往中要学习的一项重要技能。

康明的领导与康明的关系一直不错，有一天，公司发生了人事变动，康明所在的部门被公司取消，康明和部门同事集体失业了，康明的领导也离开了公司。不过，康明的领导基于对康明的关心，给康明介绍了一个面试的机会，面试官是康明领导的朋友。

经过一轮面试，面试官告知康明下个月会给康明打电话通知结果。等了大半个月，康明都一直没有接到面试官的电话，于是他给面试官打了一个电话，面试官对康明说："康明，不好意思啊，最近一直在忙，还没有来得及给你打电话，关于你工作的事情，你要不等一下，我们最近刚刚进了几个经验丰富的新人，等过两天我再联系你。"

碍于朋友的面子，康明的面试官不好直接回复康明，所以一直没有给康明明确的回复。康明对于这个机会虽然很在意，开始的时候也信心满满，但听到这个话以后，康明也在心里打鼓了，于是他开始积极地寻找其他的工作机会。

中国人说话的特点就是含蓄，很多时候碍于这个关系、那个面子，不会直接拒绝他人，但正是这种含混不清的对白往往就会让人产生错误的理解，以为还有希望。但是，有经验的人往往通过简短的对话就能明白对方的意图，从而寻找其他的机会。康明虽然很希望能够获取这个工作机会，但是面试官的一番话已经表明了自己有难言之隐，不能将这个机会给他，有自知之明的康明自然也不能死缠烂打，只能另谋高就了。

在人与人之间的交流中，含蓄地说话本来就是一门艺术，有时候是为了不直接伤害对方，有时候是不好意思要求他人，但是又不得不有所表示，就会通过迂回婉转的方式来表达。而作为另一方，就需要留心别人所说的话，从谈话的过程中了解对方的内心世界，在学习谈话技巧的同时了解别人的用意。这是一个学太极、打太极的过程，虽然慢，但是有可循之道，有内在的精髓。

**1.从措辞的习惯捕捉话语的秘密**

很多时候，人们总是觉得是用自己的语言来说话、写文章，但很多时候却是无意识地借用了别人的思想，通过自我消化后再进行表达。在这样一个表达的过程中，一些措辞的使用往往就能透露这个人的性格秘密。一般喜欢使用第一人称单数"我"的人有很强的自主性，也很独立、刚强，而用第一人称复数"我们"的人，则相对柔和，很多时候会埋没于集体中，甚至缺乏个性、随声附和。

而在与人交谈的过程中，大肆卖弄自己的学问，以显示自己博学多才，实际上却是知识贫乏的表现，如果加上更多的修饰，那只能说明这个人自以为是、画蛇添足，甚至是通过一些难懂的词汇或者外语来掩饰自己内心的自卑。在这个时候，作为听众，最好不要揭穿他们，以免伤害到他人的自尊心。不过，内向的人切记不要犯同样的毛病。

**2.抽丝剥茧，了解话题之下的真实心理**

虽然人们在聊天的时候会有各种各样的话题，但是人们的观念和认识以及情绪通常会不自觉地从每一个话题中透露出来，这关乎人的性格、气质和思维，所以，要实现人与人之间的良性沟通，最重要的就是观察话题与说话者之间的关联性，从而获得更多的信息。

观察一下就会发现，一些中年妇女在与人交流的时候，往往是在说自己的孩子或者丈夫，尤其喜欢夸奖自己的丈夫多么优秀、孩子如何出众，实际上，她想表达的是让大家知道她是一个伟大的母亲、贤惠的妻子。在公众场合，她认为自己就是这些优秀人物的化身，希望通过这种方式得到别人的肯定，在与这类人交流的时候，就可以从这个角度来挖掘、肯定她们的价值，这样就能得到她们的青睐，这也是理解话题之外真实心理的一种方式，内向的人可以多多学习，把自己的话说到别人的心坎上去。

### 3.从说话方式中了解他人的喜好

说话的快慢、语调的抑扬顿挫、坐着的姿态等都能反映一个人对某个话题的喜好程度。如果一个人在讨论一个感兴趣的话题的时候,其说话的速度就会由慢转快,语调也自然会上扬,坐的位置也会相对近一些,反之,说话自然就会变得迟缓,语调也会阴阳怪气,与你的距离也自然会远一些。因此,在与人交流的过程中,要通过捕捉这类信息来了解对方的喜好,形成良性沟通,不要一味地只顾自己的感受,忘乎所以,最终成为孤独地自说自话。

每个人都有自己的不同兴趣点,在交流的过程中,往往在不经意间透露出来,这需要倾听者有一颗耐心的心,也要有一双善于观察的眼睛、一个善于分析的头脑,这样就能在认真倾听的过程中做一个善解人意的倾听者,成为社交场合中受欢迎的人。

## 你微笑,世界也跟着微笑

想要做一个合格的倾听者,不仅需要有耐心、会观察,还需要能够运用自己的面部表情来传递友好。笑是世界通用的语言,不需要说话,却能传达善意;不需要夸张,却能带给人温暖;不需要太多的修饰,却能让人印象深刻。

而笑的方式有很多种，作为内向的人，往往不太可能在公众场合哈哈大笑，这是一些不拘小节、外向洒脱的人的看家本事，犹如《红楼梦》中的王熙凤，人未到，笑声先到。虽然这也是她的一道法宝，但对于内向的人来说，并不适合，也学不来。

为了能够在人际交流中保有自己的一席之地，内向的人可以通过善意的微笑来表达真诚，让人愿意将你当作首席听众，让自己成为受欢迎的人。

曾经有一家印刷厂的老板，其生意做得很大，当时同行中没有人不知道他的。不过，这个人虽然脑子灵活，有经商的头脑，但是背地里却被员工称为"老虎"。他平时很少出门，经常在厂子里转悠，并且总是绷着一张脸，不苟言笑。

到了第5年的时候，厂子出现了问题，有一半的技术骨干都跳槽了，虽然这个老板也想尽了办法，通过提高员工的福利、改善伙食来留住员工，但是却不见起色，辛辛苦苦经营了近十年的厂子还是不得不抵押出去。在总结失败经验的时候，他自己说道，导致自己失败的一个重要原因是缺少微笑。在员工面前总是一副很严肃的样子，就算再给员工加工资，员工也不会买账，照样走人。

后来，这位老板东山再起，创办了另外一家公司，还是经营之前的业务，但是他整个人却完全变了，见到员工经常微笑，就算是对待陌生人也报以微笑，不到一年的时间，公司经营得红红火火，接了不少生意。

一抹真诚的微笑成就了这个人的第二次成功创业。虽然不知道这个人在今后的发展中是否能够一帆风顺，但是可以肯定的是，他的员工不会因为一些小小的不满就贸然离开，毕竟他对员工们的态度已经表现于脸上，让员工们觉得他是和蔼可亲的，不是整天摆架子的人。

人与人之间的交流虽然最主要的是通过语言，但是，互动的双方，总有一方要在对方说话的时候保持倾听的姿态，否则只能是谁也不知道对方在说什么。对于内向的人来说，保持倾听是常态，一方面是要听清对方在说什么，另一方面则要向对方表达友好。表达友好的最好的方式就是微笑以对，这样，即便你不说话，也能让他人感觉到你的善意，愿意和你亲近。而在保存微笑的过程中，又有一些技巧。

**1.在陌生的环境中保持微笑**

在陌生的环境里，出于保护自己的考虑，人们都习惯板起一张面孔，以免受到外界的侵犯和伤害。但是，这样的结果就是陌生的环境不会变化，反而使自己很紧张、很累，无法融入环境，使大家也不愿意和你亲近。所以说，越是陌生的环境，越是要保持微笑，这样能够让我们的心灵得到放松，让自己变得坦然，如此，擦肩而过的陌生人也不会被你冷漠的表情吓到，想跟你打招呼的人也不会因为看到你冰冷的表情而打退堂鼓，这对于内向者来说尤其重要，这是你迈入成功交际的第一步，通过微笑表现自信，通过微笑化敌为友，通过微笑表达尊重，通过微笑构建与他人的友谊桥梁，开启陌生人的心扉。

**2.你微笑，世界也跟着微笑**

人往往会受到客观事物的影响，如乘车过程中，因为人太多、拥挤而不满；在公司上班，因为领导小心眼儿，害怕出错，所以不开心，等等，这些都是生活中经常遇到的事情。尤其是内向的人，心思缜密，在遇到这些问题之后，可能无法保持一颗平常心，导致事后在与人交流的过程中也带有情绪。但是，因为这些小事而影响了自己的心情，影响了与人的正常交流，这往往是一个问题还没有解决，另外一个问题又产生了，那么，你就永远无法好好地与人相处。人在微笑的时候往往是最美丽的，你对着镜子看到自己微笑的样子，是不是会开心起来？其实，世界就是一面镜子，你对它微笑，它就会回报你微笑，到最后，你会发现整个世界都在对着你微笑，你的人际交往也就会顺顺利利、开开心心。

**3.微笑要发自内心，拒绝假笑**

很早以前，科学家们就知道人类不仅有真心的笑容，还有装假的笑容。当人类对周围的事物并不真正地感到亲近的时候，就会用假笑来面对，并且将自己的内心世界隐藏起来。然而，任何人都不是傻子，都会察言观色，如果发现你在倾听的过程中显露出来的是无奈的笑，眼睛在笑，嘴角却往下；或者说是招呼式的商业微笑、皮笑肉不笑，等等，对方就不会对你产生好感，反而会觉得你很虚伪，也就很难进行接下来的进一步交流。真正的微笑是均匀的，在面部的两边是对称的，虽然来得快，但消失得慢，在笑的时候，从鼻子到嘴角以至眼睛周围都会有笑纹，这才是发自内心的微笑。对于内向的人来说，为了让自己在交际场合受欢迎，不仅要懂得倾听，还要用发自内心的微笑打动他人、取得信任。

内向的人通过身体语言来表达自己的友善，往往能够弥补言语的不足，尤其是在听别人说话的时候报以微笑能够起到很好的互动效果，需要注意的就是：不是发自内心的笑容时不要勉强，以免弄巧成拙。

## 第四章 优势四
# 慎言：管得住嘴巴，守得住底线

## 严把语言关，掂量之后再发言

常言道："饭可以乱吃，但话可不能乱说。"大多数内向性格的人的话都较少，不会口无遮拦。但是我们较容易发现个别外向性格的人过于心直口快，虽说这样的性格并无大碍，甚至还常常被当作优点来赞扬，但到了现代社交场合中，可就有人少不了要因此而吃亏。如果说话总是口无遮拦、毫无顾忌，在任何场合下想到什么就说什么，就会常常给自己招致"杀身之祸"。

19世纪20年代的俄国处于沙皇的统治之下。1825年，一场叛乱爆发，沙皇尼古拉一世平息了叛乱，并抓获了一名叛军的首领李列耶夫，将其判处死刑。

在行刑之前，李列耶夫在断头台上拼命挣扎，竟然把绳子给挣断了。这种异常之举在科技尚不发达的当时被视为天不让其死的征兆，所以刽子手没敢立即动手。李列耶夫看老天这么给面子，以为自己不会被杀，于是就大声喊道:"哈哈,俄国人连绳索都造不好,还能成什么大事呢?"

原本打算赦免他的尼古拉一世听到此话后非常愤怒,于是收回了赦免的命令,并顺水推舟地说道:"好啊,那就让我们用事实来证明一切吧,看看这绳子到底结不结实。"

第二天,李列耶夫再次被送上断头台。不幸的是,这一次的绳子很结实,直到李列耶夫气绝身亡的那一刻也没断掉。

故事的背景虽然不是社交场合,但它却向人们表明了说话不经过大脑的后果何等惨烈。原本上天给了李列耶夫一次活命的机会,却因为他口无遮拦地说错了一句话,激怒了沙皇,这才让自己命丧黄泉,可见语言的力量虽然无形,却是巨大的。

不可否认,内向性格的人由于少言多听,这让他们"祸从口出"的概率降低了不少。曾有智者说:"群居防口,独坐防心。"意思就是说,在与人交往相处时要注意自己的嘴巴,以免说错话而招致无端的麻烦;独处时则要防止自己的思想情感出现偏差。生活中我们也常听人告诫做人处世要谨言慎行,如此苦口婆心,为的就是防止"祸从口出"。

所以,内向性格的人一定要保持自己严守嘴巴的习惯,掂量之后再发言。俗话说:"说者无心,听者有意。"也许你的一句不经意的话语恰好就触犯了对方的大忌,那后果可就不堪设想了。那么,内向的人该怎么样来做到这一点呢?以下几条建议可供你参考:

### 1.不要主动打探别人的隐私

人们天生都有好奇心,内向的人也不例外。可是,俗话说得好:"好奇害死猫。"好奇心可以有,但是用错了地方就会惹来大麻烦,尤其是别人的隐私。既然是隐私,自然就是不想让他人得知的秘密,如果你还偏偏不识相地想去打破砂锅问到底,那你就是在搬石头砸自己的脚,自找苦吃。一旦触及对方的底线，可就别怪对方翻脸不认人，把你当敌人或异类对待。

因此，当你与别人交谈的时候，一定要尽量避免探问对方的隐私。在话说出口之前要先问问自己：这个话题是否会涉及对方的隐私，是否会引起对方不悦。如果涉及了，就要尽量避免，无法避免之时，也要尽量婉转，让对方易于接受。

**2.不当众揭他人之短**

古语有言："金无足赤，人无完人。"内向的人通常追求完美，对于别人犯错、出糗等事会很在意，有时候可能会当面指出来。其实，这样做无疑是狠狠地抽对方的耳光，不但让对方脸面上过不去，内心的痛也会加倍，日后他势必会把这种痛原原本本地"偿还"于你，让你也尝尝其中的滋味。因此，你一定不要当众揭别人的短，即使有看法也要在私下里说。

毋庸置疑，言语的力量是巨大无穷的，我们可以因它而建功立业，也可以因它而惹祸上身。嘴巴长在你自己身上，它能为你带来好运还是灾祸，关键看你是否懂得对其善加控制和利用。

## 言简意赅，达意则灵

据史书上记载，子禽问自己的老师墨子："老师，一个人说多了话有没有好处？"墨子回答说："话说多了有什么好处呢？比如池塘里的青蛙整天整天地叫，弄得口干舌燥，却从来没有人注意它。但是雄鸡只在天亮时叫两三声，大家听到鸡啼，知道天就要亮了，于是都注意它，所以话要说在有用的地方。"墨子的意思就是说话要言简意赅，用最简洁的话语表达丰富的含义。

关于说话的简洁要求，曾有这样一个说法：某发达国家的个别地区规定，政府发言人讲话时必须手握一块冰，他讲多长时间，就要拿多长时间。还有一个地方规定讲话时只允许用一只脚站立，当这只脚站累了，另一只脚落地时，讲话就要终止。这些规定看上去似乎有些不近人情，甚至引人发笑，但是冷静地想一下就会发现这里面是包含着一定的道理的。

恩格斯曾说过："言简意赅的句子，一经了解，就能牢牢记住，变成口号。"话不在多，达意则灵。语言的精髓在精而不在多。

在这一点上，内向者相对于外向者较有优势。那些滔滔不绝的人往往啰唆的话说一大堆，而直接要表达的意思也没有表达清楚，让听者如丈二和尚摸不着头脑。这样的交流显然毫无效果可言，即使有也是负面效果。

马登博士有两位说话风格截然不同的商界朋友。一位朋友性格开朗、随性，说起话来也是滔滔不绝，但他讲话有一个毛病，就是没有主题，每每使人失去耐心，即便马登博士多次看手表，提示时间，他好像也视而不见，似乎没有完的时候。马登博士表示："这样的人讨厌至极。"

而另一个朋友则是一个有远大抱负的年轻人，他认为说话必须言简意赅，而不能有啰唆的习惯，因为他知道这种习惯对事业的发展有致命的影响。这位朋友事业有成、口碑极好，每次他给马登博士打电话时都没有多余的废话，而是三言两语，直奔主题，还没有等博士反应过来，他已经说"再见"了。

马登博士说："和这样的人打交道真是一种享受。他不会烦你，更不会无端耗费你有限的时间和精力。我很敬佩他思维敏捷、善于决断以及高效率的工作。如果一个人很早就注意自己的不足并能加以改进，做事思想集中、说话言简意赅，就可以培养出很高的经营管理才能。在与一个人的交往中，肯定能够看出他是否具有雷厉风行的素质。"

其实，像马登博士的第二位朋友这样的人在我们的生活中也有很多，他们大多是一些喜欢思考和总结、性格也比较内向的人，他们不会像那些见风就是雨，说话滔滔不绝的人那样。

其实，那些话篓子似的人在表达自我见解时无端地增加了很多没用的话，其带给听者的肯定不是享受，而是折磨。一位企业高管讲过自己的一个会议经历："那时，我主持一个会议，我发现，说着说着大家都有点儿走神。后来我才注意到，原来是我说话太啰唆、废话太多了，原本一句话能够说清楚的，我非得把它说成两句。其实，说话应该言简意赅，尤其是在会议上，因为从心理学的角度来说，开会的时间越长，重点反而越不突出，大家的积极性也越低，最后的效果也就不言自明了。"

有时候，说话啰唆不仅会让人感到厌烦，而且还会带来很严重的后果。

1812年，英美战争爆发前夕，美国政府召开紧急会议，商讨对英国宣战的问题。会上，一位议员的发言竟然从下午持续到午夜，而这时会场上的大多数议员早已经昏昏欲睡了。后来，一位议员忍无可忍，愤怒地将一个痰盂向发言者的头上砸去，从而终止了那位议员的高谈阔论。而这时，英国的军队已经到了美国境内。

可见，说话啰唆终归是不好的，你要想让自己的话有分量、让听众乐于接受，就必须言简意赅、点到为止。正所谓话不在多，达意则灵。语言的精髓在精而不在多。

因此，性格内向的人就该注重发挥自己这方面的优势，不必去羡慕外向者滔滔不绝、口绽莲花，也不要为自己不爱说话、不善表达而心存顾虑。其实，只要你找到自己的优势所在，认清话说得少的好处，并能够懂得言简意赅的说话方式和作用，那么你就能够赢得别人的欣赏。

内向者要让自己表达得言简意赅，要从下面几点进行操作：

**1.具备清晰的思维，说最该说的话**

口若悬河者以外向者居多，而内向者多是不怎么爱说话。但是说话多并不意味着就能把话说得明白，让对方知道你要表达的意思，而是应该思路清晰，用最少的话表达最充分的意思。

一天早上，王涛刚上班，就问公司的前台小冯："有没有见到吴会计？"还没等小冯回答，王涛又说出一大堆话，让小冯听得头昏脑涨。他先问小冯"吴会计在哪儿"，又说他周日的时候和几年没见的同学喝到了半夜，然后又问小冯："吴会计是不是有个女儿？"一会儿又问小冯："吴会计的办公室是不是还在原来的地方？"小冯听了半天，才明白他要表达的中心意思。

原来，他刚收了一笔货款，要让吴会计入账，想问问小冯吴会计来上班了没有。

故事中的王涛对小冯说了一大堆话，将小冯搞得糊里糊涂的，原因就在于他的思维混乱、说话没有逻辑性，才导致前言不搭后语，让小冯不明白他到底想说什么。因此，说话要想言简意赅，思维一定要清晰。

**2.多汲取别人的智慧，丰富自己的词汇库**

福楼拜曾告诫人们："任何事物都只有一个名词来称呼，只有一个动词标志它的动作，只有一个形容词来形容它。如果讲话者词汇贫乏，即使说话时搜肠刮肚，也绝不会有精彩的谈吐。"因此，丰富词汇库也是让自己的话语言简意赅的有效途径。

我们发现，有些内向性格的人虽然也想言简意赅地表达自己的所思所想，但有时候却不得不多说，其实这和他们平时对于词汇的积累不够有直接关系。

所以，要想让自己的话语真正做到言简意赅，就要不断地扩充词汇量。比如多看一些相关的书籍、多和讲话水平高的人在一起交流，等等，都是不错的方法。

**3.学会长话短说**

邹庆急匆匆地走进办公室，对大家说道："我跟大家说件事。我刚才看见总经理，他从一辆车上下来，身后还跟着四五个陌生人，他们走得很急……"他啰里啰唆地说了5分钟，最后说了一句总结性的语言："总经理让我通知大家今晚6点在会议室集合，他有事情要宣布。"

故事中的邹庆就是短话长说，进入主题前铺垫得太多。要真正地让自己的话说得简练，就必须让自己的语言简洁。要做到这一点，就要学会去繁就简、长话短说，用简单的词语和利落的句子让对方明白自己要表达的意思。

总之，作为内向者，你要想办法发挥自己所具备的优势，在善于思考这一先天特质的基础上做到说话言简意赅，表达得有条有理。

## 委婉的语言不可少

相对于很多外向者的直来直去，内向的人更善于让话语拐个弯，用暗示代替直言，说出自己的想法。这样做，不但更容易达到预期的目的，而且还会显示出自己非同寻常的沟通能力。

因此，不管是在生活中还是工作中，都要铭记：委婉的语言是人际交往中必不可少的，是维系人与人之间和谐关系的重要方法。

某公交车进站后，一位女士抱着孩子上来了。这时候，车上早已没有了空座，车上的售票员对车厢里的乘客们说："哪位同志给这位抱小孩的女同志让个座？"但她连喊了两遍都没人响应，只见这位售票员站了起来，用期待的目光看了看靠窗口处的几位青年乘客，故意提高嗓门说道："抱小孩的女同志，请您往这里走，靠窗户坐着的几位小伙子都要给您让座呢，不过您得先过去。"

售票员的话音刚落，只见"呼啦"一下，坐在窗口前的几位小伙子都不约而同地站了起来给女士让座。抱孩子的女士坐下后，只顾喘气定神，却忘了对给自己让座的小伙子道谢，于是小伙子面有冷色，这一点微妙的变化被售票员看在眼里，她忙中偷闲地逗着小孩子说："小家伙，叔叔给你让座了，还不赶紧谢谢叔叔。"这句话一下子提醒了孩子的妈妈，她这才拉着孩子说："快，谢谢叔叔。"听到小孩的道谢，那位让座的小伙子连声说："不客气。"

可见，一句暗示成全了这对母子的"坐票"，如果售票员请别人给让座时说："年纪轻轻没点儿眼力，没看见有人抱孩子吗？"在劝抱孩子的女士道谢时说："人家给你让座位，你怎么也不跟人家说声谢谢？"后果会如何呢？

对于大多数性格内向的人来说，通常都不会像上述假设的这种情况一样说话，而是类似售票员那样，用暗示代替直言。

不可否认，如果不能根据交际对象的心理选择恰当的语言形式，话一出口先挫伤他人的自尊心，必然会吃亏，甚至会引起对方的不快而引发争吵。因此，你千万不要以为绕弯子、兜圈子是件浪费时间的事。

可以说，暗示是人际交往的一种特殊的方式，它是说话者采用一定的方法，含蓄、巧妙地向对方发出某种信息，以此来影响对方的心理，使其自觉地接受一定的意见、信念，或改变其行为。

那么，内向的人可以用到的暗示方法有哪些呢？

**1.讲故事，不露声色地暗示**

既然直来直去不是内向者的特征，那么不露声色地暗示就更容易受青睐。你可以通过讲故事的方式让对方明白该怎么做、不该怎么做，这总比直接告诉对方要好得多。

**2.用岔开话题的方式来暗示**

有时候，谈话的一方为了结束话题的讨论，会采取岔开话题的方式。

举个例子来说，小江和小王同在一家单位供职，小江对另一个同事老李颇有微词。一次，小江和小王闲聊时，小江说道："老李这个人什么都好，就是有点儿好大喜功。"小王不愿意在背后议论别人，就岔开话题说了句："昨晚播了《红楼梦》第一集，你看了吗？"小江仍继续说他的："没有。你知道吗？向市里上报的材料尽说好话，把老李捧上了天。"小王却说："唉，你不看真可惜，看了就能知道跟电影相比，到底哪个拍得好。"

不难看出，小王一再岔开话题，就是为了向小江作出暗示：他不愿意在背后随便议论别人。如果小江知趣，说话至此，也该停止对老李的飞短流长了。

### 3.用诙谐幽默来暗示

诙谐幽默并不只是外向者的专利。内向者由于内心世界丰富、敏感多思，他们的幽默基因可是比外向者有过之而无不及。我们知道，诙谐幽默是一种很重要的沟通方式。用幽默的语言或随意说笑的方式同样可以向被暗示者传递信息。

我国古代南唐时期，因为国家税收繁重，使得老百姓的日子很不好过。

有一年，正好京师遭遇大旱，列祖就对臣子们说："外地都下雨了，为什么京城不下？"一位名叫申渐高的大臣决定利用这个机会进谏，便诙谐地答道："因为雨怕抽税，所以不敢入京城。"没想到，申渐高的这句话让天性豁达的列祖哈哈大笑，他明白了其中的暗示，于是此后列祖决定减轻税收。

"直肠子"、"一根筋"的做法固然显得率真，但用在社交生活当中还是不太招人喜欢的。而内向者内敛、顾全面子的特性恰好让他们不会这样去做。因此，用暗示代替直言成为内向者与人交往中必不可少的招数，而这也会为他们获得更多人气，赢得好人缘。

## 批评之言可以不逆耳

我们都知道，在一些药物的最外一层包裹着一层甜甜的糖衣。其实这是药物研发者的高明所在，因为这样，服药者就不会感觉到那么苦了。

在这一点上，内向者往往能做得很好，他们不会因为别人犯错而直指对方的错误之处，而是为批评裹上一层"糖衣"，使对方听起来就会舒服很多了。

上中学的时候，我们都学过《邹忌讽齐王纳谏》这篇古文，里面的邹忌就是一个说话婉转、懂得为批评裹层糖衣的人。

邹忌是一个事业与英俊并存的成功男人。一天早上，他把衣服穿好后，戴上帽子，对着镜子照了照，然后问妻子："我跟城北的徐公比，谁更英俊啊？"妻子回答："您英俊极了，徐公怎么能比得上呢！"

原来，城北的徐公是齐国的美男子。邹忌自己信不过，就又问他的妾："我跟徐公谁英俊？"妾说："徐公哪里比得上您呢！"

第二天，有位客人来到邹忌的家里，邹忌跟他坐着聊天，问他道："我和徐公谁英俊？"客人说："徐公不如你英俊啊。"又过了一天，徐公来了，邹忌上上下下打量了徐公一番，不得不自叹不如。到了晚上，邹忌辗转反侧睡不着，反复想着这件事。经过一番思考，他终于想明白了，原来妻子赞美自己,是因为偏爱自己;妾赞美自己,是因为害怕自己;客人赞美自己,是想要向自己求点儿什么。

于是,邹忌上朝廷去见齐威王,说:"我确实知道我不如徐公英俊。可是,我的妻子偏爱我,我的妾怕我,我的客人有事想求我,都说我比徐公英俊。如今齐国的国土方圆1000多里,城池有120座,王后、王妃和左右的侍从没有不偏爱大王的,朝廷上的臣子没有不害怕大王的,全国的人没有不想求得大王的恩遇的。由此看来,您受的蒙蔽一定非常厉害。"

听了邹忌的一番话,齐威王心悦诚服,采纳了他的观点。

这个故事告诉我们:在向别人谏言的时候,如果不是直来直去,而是用点儿策略,婉转地表达出来,那么对方就会更容易接受,自己的目的也就达到了。

其实,这一点对内向者而言并非什么难事。相较于性格活泼的外向者,他们更懂得顾全他人的面子,为对方考虑得更为周到,所以,不管对什么人提出的批评或者建议都会婉转地提出来。其实,这样一来,不管是领导还是同事,抑或朋友都会更容易地接受他们的建议。

当然,有些内向者虽然不会直言他人的错误,却不懂得怎样说才能令对方接受。因此,以下为大家总结了几点建议,帮助所有性格内向的人巧妙地说出顺耳的忠言,为你的批评裹上一层"糖衣"。

### 1.不在背后议论

当发现别人有做得不对的事或者说得不对的话,你最好私下里与之交流,因为这样才能让对方非常清楚地了解你的批评意图和态度,同时也有助于增进彼此的了解。如果是背后议论别人哪里做得不对,当第三者将批评的话传到对方耳朵里时,信息就可能失真,而且也会让对方多心,产生不必要的误会。

**2.就事论事,不翻旧账**

一些内向者虽然在批评他人的时候比较婉转,但他们却有"翻旧账"的毛病,当看到别人在做一件不正确的事情时,往往就会下意识地将其所有的优点和长处忽略,而且会在瞬间想起这个人所有的"历史问题"。

实际上,这样做是很容易让对方反感的。因为你翻旧账,会让对方产生这样的想法:"原来他只是装作忘记,事实上他仍记挂在心。"如此一来,对方就会不再信任你,甚至会远离你。

**3.维护对方的自尊心,不进行人身攻击**

谁都不希望别人用带有人身攻击的言语来"敲打"自己,即便是犯了错误,也希望对方在维护自己自尊的情况下指出来。内向性格的人由于天性敏感,在这一点上更容易发挥好,而不致得罪别人。

由此看来,你应该将自己敏感、细致等特质发挥出来,从而更大程度地维护受批评者的自尊心。当你要想指出别人的不足之处时,先要考虑周全,在时间、场合和人物等多种因素都合适的时候再用婉转的话将批评或者建议说出来。

## 不做"幽怨一族"

在我们的周围总会有些人像怨妇一样,不是抱怨这,就是唠叨那。如果再细细研究的话,我们会发现,这些人多数都是比较随性,想到什么说什么,缺少深思熟虑的习惯。比如,清早出门上班,他们会抱怨地铁太挤、公交车太堵;到了办公室,会抱怨地面不干净、同事说话太吵;打开电脑,会抱怨网速太慢、上司分配的任务太多;给客户打电话,会抱怨客户难缠、订单难签……总之,他们看什么都不顺眼,心中总是憋着一股怨气。

而这些习惯对于内向者而言则是有一定"距离"的,因为他们大多爱琢磨、善思考,不会信口开河,也就轻易不会成为"幽怨一族"。

刘刚和林大庆同是某动漫工作室的设计师,刘刚性格大大咧咧,说话也不经过脑子,而林大庆则性格内向、少言寡语,凡事爱深思熟虑。

由于工作室成立时间不长,很多制度都还不完善,老板经常临时作决定,以致经常会在下班时间或者周末给他们打电话安排工作方面的事。对此,刘刚很厌烦,他觉得老板占用自己的业余时间很不道德,于是就经常抱怨,和同事们说老板的不是。而林大庆虽然也不希望老板占用自己休息的时间,但他一想到工作室在初创阶段,很多地方不完善,老板也是在不断地摸索中,自己多付出一些是应该的。当刘刚对他抱怨时,他还不时地劝说几句，可刘刚就是无法控制自己的嘴，十句话中有九句是在抱怨。

不久之后的一天，刘刚在向同事抱怨时，老板出现在他身后，声音冰冷地说："原来我有这么多缺点，真是委屈你了，你和林大庆交接一下手头的工作，然后去找个让你满意的老板吧。"老板同时找到了林大庆，告诉他有个比较重要的设计工作需要他来完成，除了工资之外，还会外加不少提成。

从这个案例中，我们很清楚地看到抱怨和不抱怨的不同结果。换句话说，内向者在为人处世的过程中由于善于思考、舌头比别人慢半拍而少了很多抱怨，也多了很多机遇。

毋庸置疑，如果让抱怨成为一种习惯，你就会像故事中的刘刚一样被老板扫地出门。反之，像林大庆这样少抱怨、多做事，你的人生之路纵然不会一直一帆风顺，但也不会有太多坎坷。

在平日的工作和生活中，每个人都会遇到不顺心的事情，如果一味地胡乱抱怨，而不去思考问题的产生原因和解决的办法，只会让周围的人对你越来越疏远。相反，如果遇事能像多数内向者那样多想、多做、少抱怨，那么就更容易得到周围人的喜欢和信赖。

当然，我们也必须承认，由于每个人都会遇到烦心事，内向者也就避免不了心生不满的情绪。那么，作为内向者，在对于不满情绪的处理方面，就其性格特征而言，又该怎样防止抱怨的产生呢？不妨来看看下面几个方法：

**1. 当问题出现时，应考虑其本质，而不应抱怨他人**

许多人在问题出现时，第一反应就是抱怨别人，这种习惯是非常不好的。抱怨他人不仅解决不了问题，而且会给人留下爱推卸责任的坏印象。

**2.培养乐观积极的心态**

一个消极悲观的人总是看不到事情的积极面,无法找到生活的目标,生活中也自然缺少很多快乐,这也势必提高了牢骚产生的概率。所以,在日常生活中,应该积极主动地面对和处理问题。

**(1)给自己做一个周详的计划**

不管是在工作上还是生活上,都给自己制订一个周详的计划,并且将计划付诸实践,这样可以使自己的生活更加充实,心情更加舒畅,抱怨也自然会减少。

**(2)合理安排自己的时间**

合理利用时间是执行计划的重要一步。合理科学地利用时间,可以提高工作效率,而且还可以利用闲暇时间来做自己喜欢的事情。

**(3)善于总结**

根据计划执行的情况,应定期总结自己在这一段时间以来的得失。客观地看待出现的问题,认清自己的不足,不断完善自我。

**3.对自己不要太苛刻**

内向者中有不少人是典型的完美主义者,不仅做事要求万无一失,而且对自己也苛刻到吹毛求疵的地步,经常会因为一些小到可以忽略不计的瑕疵而深深自责,结果累己累人。为了避免挫折感,减少抱怨的概率,应该将目标和要求设定在自己的能力范围之内,这样心情才会放松、舒畅。

**4.要有自信心**

在自信心这一点上,内向者或许略有欠缺,所以,由于不自信而带来的抱怨情绪也时有发生。所以,内向性格的人要树立自信心,有了自信心才会相信自己的能力,遇到挫折和困难时才不会怨天尤人、手足无措。

总而言之,虽然内向者由于性格因素而不会随便抱怨人和事物,但他们也需要发泄心中的牢骚和不满,那么就需要运用上面的方法把抱怨和牢骚的频率和杀伤力控制在可接受的范围内,让自己远离"幽怨族"的队伍。

## 那些不能说的秘密

生活中,有些人说话无所顾忌,一旦打开话匣子,不管是亲朋同事的秘密还是个人的隐私,都会一股脑儿地往外倒。殊不知,他们只顾嘴巴痛快,却忘了保守秘密和隐私的规则及重要性。当事后产生了负面影响时,他们又会为此后悔不已。

如果总结一下,我们会发现,类似的情况往往是发生在凡事欠考虑者身上,那些心思缜密的人往往不会如此。而内向者正是具备这一项优势,他们不会随意地把不能说和不想说的话告诉别人,这样一来,既保护了自己,也维护了他人,否则就有可能被"有心人"听去,甚至传播开来,对自己造成不利的影响。

陶依然是个开朗活泼的人,当然也是个聪明的人。在一家教育培训机构工作的他一直认为自己不会卷入办公室的八卦旋涡中,但最近发生的一件事改变了他的看法,他觉得自己在办公室中并非处于"安全"的境地。

那天,他从外地出差回来,刚进办公室,对桌的同事就问他:"陶依然，听说你打算自立门户？"接下来的几个小时中，不断有同事前来打探消息。没过多久，连上司也来"关注"他的动态。陶依然非常纳闷，他是有辞职创业的打算，但一直没有对外公布这件事，仅对与他关系较好的两个同事刘天和武钢说过，怎么现在就人尽皆知了？后来，刘天主动"负荆请罪"，陶依然心中的疑团才解开。

原来，在一次公司聚餐上，同事们谈起了一个投资项目，刘天一听，这正是陶依然打算投资创业的那个项目，就脱口而出："原来这个投资项目这么有前景，怪不得陶依然想单干，这小子真有眼光！"他刚说完，就觉得自己泄露了陶依然的隐私，但想收回已经来不及了，于是，陶依然想创业的消息就传遍了公司。

故事中的刘天是无心之过，他不是故意将陶依然的隐私透露出去，以谋取某种利益。但是，在社会交往中，有一些人会故意出卖他人的隐私，为自己牟利。所以，与别人闲聊时，你一定要选好话题，不能为了"要对人真诚一点儿"，就将自己的隐私和盘托出，也许推心置腹的结果就是对方把你"卖"了。

很多人看似对别人的隐私没有任何兴趣，其实却时刻在捕捉信息，你无法得知对方的询问是不经意的提问还是另有目的。有时候，你会被生活或工作压得喘不过气，很想要找人倾诉一下心底的秘密。但你要记住这一点：对方不是心理医生，无法帮你保守秘密，有些秘密还是锁在自己的心里比较保险。

对于这一点，其实对多数内向者而言都不是什么难事。由于他们性格里的"保守"因素，使他们说话之前都会有所考量，也就在很大程度上避免了泄露隐私的可能。

不过，也有一些例外，比如现在网络的普遍化，使我们的工作和生活都离不开它。所以，有时候，我们即便做到对周围的人守口如瓶，但隐私还是会泄露出去，这是因为我们可能会在博客、QQ空间等网络媒体上透露自己的秘密，让隐私不胫而走。

崔霞是个心思细腻、做事谨慎的人，属于典型的内向性格，她很少和办公室的同事闲聊，对一些流言蜚语也不感兴趣。

为了避免自己成为八卦新闻的主角，崔霞一直对公司的"狗仔队"敬而远之，但小心翼翼的崔霞还是卷入了是非之中。

一天，坐在她对面的同事通过QQ对她说："崔霞，我也不喜欢新来的部门经理。"崔霞很不解："员工对上司有意见是很正常的事情，可他为什么要在话里加个'也'字呢？我从来没对别人说过我对新经理不满啊！"

从这以后，奇怪的事不断发生：崔霞的初恋情人、找工作遇到的尴尬事、看哪个同事不顺眼……这些隐私都陆续地被同事暴露出来，崔霞心中的疑团越来越大。不久后的一天，崔霞在看一位同事的博客时恍然大悟：她在"关注"别人的同时，也在被别人"窥探"着。崔霞的博客开了很长时间，她将自己的喜怒哀乐都写在其中。平时，她会和好友、同学互相"拜访"，以便了解大家的近况。可她忘了，除了朋友、同学之外，同事也是可以来"串门"的，关于她的喜怒哀乐，都有可能被"火眼金睛"的同事发现。一不小心，她的隐私就被大家"晒"出来了。

无奈之下，崔霞重新"装修"了自己的博客，那里不再是她倾诉衷肠的地方，而是变成了另一个网络办公室。崔霞将隐私转移到日记本上，她觉得这样比较安全。

这个案例告诉我们，尽管你很谨慎，但说不定因为一不小心就有可能把隐私泄露出去。因此，即便是内向性格的你也同样有必要加强隐私的保护意识，这样，一来可以让自己有一个安宁和谐的生活和工作环境，二则可以让自己拥有私人空间，免受他人的打扰。所以，适度保护隐私是你必须学习和掌握的"防身术"。

**1.注意网络通信工具的隐私信息**

在日常工作中，内向者大多不会对自己和他人的话题很热衷，也很少四处传播别人的隐私。但是，当你使用互联网、手机等现代化通信工具时，一定要注意个人信息的安全性，不要在手机、工作电脑、公共空间上存储个人隐私信息。

**2.避免和他人闲谈私人话题**

不要认为推心置腹是"友好相处"的表现，因为，每个人都有自己的隐私，每个人都需要一个只属于自己的空间。

**3.遇到别人和自己谈论隐私时要及时转移对方的注意力**

当发现与自己交谈的对象有意谈论第三者隐私的时候，你应该及时采取恰当的方式转移对方的注意力，这样既可表示自己没有谈论别人隐私的兴趣，又可以弱化对方谈论的兴趣，同时也不致让自己卷入八卦漩涡之中。

俗话说："小心驶得万年船。"你在与人交往的过程中，要发扬自己内向性格的优势，少谈论或者不谈论涉及个人隐私的话题。只有防范工作做得好，你人生的船才能行驶得平稳一些。

# 第五章 优势五
# 幽默：世间最有感染力的艺术

## 幽默才是你的金口才

在很多人眼里，幽默只属于活泼开朗、能言善谈的外向者，而与寡言少语、蔫头耷脑的内向者没什么关系。

其实不然，内向者由于其丰富的内心、细致敏感的神经和思维，比外向的人更容易具备幽默的基因。而幽默对于人际交往起着至关重要的作用，被称为"金口才"。

可以说，几乎没有人不喜欢与幽默的人交谈，也几乎没有人不希望自己成为一个幽默的人。据说，在欧美国家，女子选择爱人，很看重男方是否有幽默感；公司雇用职员，也要看他们是否具有幽默感。有一家公司的总裁曾说过："我专门雇用那些善于制造快乐气氛并能自我解嘲的人。这样的人能把自己推销给大家，让人们接受他本人，同时也接受他的观点、方法和产品。"

那么，什么是幽默呢？《辞海》上的解释是这样的："通过影射、讽喻、双关等修辞手法，在善意的微笑中揭露生活中的讹谬和不通情理之处。"幽默与滑稽、讽刺不同。滑稽是在嘲笑、插科打诨中揭露事物的自相矛盾之处，以达到批评和讽刺的目的；讽刺则是用比喻、夸张的手法对不良或愚蠢的行为进行揭露、批评或嘲笑。幽默与两者既有联系，又有区别。

就人际交往而言，幽默有助于我们与他人建立良好的人际关系，形成和谐的工作氛围，从而促进事业的发展。美国卡耐基大学的研究人员曾就"事业成功之因素"对上万人进行调查，其结果是：在影响个人事业成功的因素中，技术和智慧所占的比重为15%，良好的人际关系则占比重的85%，这也说明了幽默的口才是一个人事业成功的助推器。

不可否认，现代社会中，人们所处的环境瞬息万变，竞争越发激烈，以致很多"圈子"里都充满了怨气，越来越多的人会感到压力很大、心情趋于焦虑，严重者还会患上心理疾病。而幽默是一剂有效的解压药，它不仅能使人们舒展眉头、心情变得轻松愉快，而且有助于提高我们的交际能力，使我们在人际交往中左右逢源。

此外，在与人打交道的过程中，我们会不可避免地与他人发生一些不必要的尴尬，面对这样的情况，如果一个内向者能镇定地和对方开个玩笑，尴尬的气氛就会一扫而空，彼此间的紧张关系也能得到缓和。而且，对方也会被他的幽默口才所折服，被他的语言魅力所吸引，对其卸下心里防线。

我们都知道比尔·盖茨，而未必知道有一个和他并称为美国软件业的"双子星"的卡普尔。卡普尔是20世纪80年代和90年代最具影响力的计算机人物和黑客界最具影响力的人物之一，而与他的事业一起广为人知的就是他的幽默口才。

据说，在一次股东会议上，与会者情绪非常激昂，会议中的紧张气氛随着大家对卡普尔的质问、批评和抱怨而升高。

当时，有一个女股东不断质问部门在慈善事业方面的捐赠数量，她认为应该更多一些。她带着挑衅问道："部门在去年一年中用于慈善方面有多少钱？"

当听到卡普尔说出有几百万元时，她说："我想我快要晕倒了。"

而此时的卡普尔面不改色地说："真是那样倒是好些。"于是，随着会场中大多数股东的笑声，包括那个愤怒的女股东，紧张的气氛顿时轻松了下来。

卡普尔用幽默的语言化解了女股东的怒气，将自己从尴尬的境地中解救出来，舒缓了紧张的氛围，让大家在轻松的环境中探讨解决问题的方案。

由此可见，卡普尔的一句幽默带来的巨大作用。我们不难发现，在人际交往中，那些善于用幽默说话的内向者大都能将幽默运用得自然而不做作。当他们说一些玩笑话时，不会让别人感到他们是在故意卖弄或哗众取宠，而只是感到开心、愉悦，这样的人无论走到哪里都会有很好的人缘。那么，内向的你应该如何培养幽默感，让自己的语言带给别人快乐呢？

**1.博览群书，多给大脑一些"营养"**

虽说幽默的作用不可小觑，但要将其运用好也不是那么容易的，它的基础是具有丰厚的知识储备。也就是说，一个人只有具备敏捷灵活的思维、丰富的文化知识，才能用巧妙的修辞开出恰当的玩笑，妙语连珠、语出惊人。因此，一个人要想培养幽默感，就必须充实自己的知识宝库，不断地从书籍中收集幽默的桥段，从他人身上汲取诙谐的智慧。

**2.设置悬念，抖个包袱**

当我们听某位相声演员的相声时总能不断地发笑。这其中离不开他和搭档一逗一捧中恰当的"包袱"设置。所谓"包袱"，就是用一波三折的情节，激发他人的好奇心，让人迫不及待地想知道结果，最后再"抖包袱"，达到画龙点睛的目的，让人感觉到强烈的幽默效果。

为了用好幽默这个金口才，内向的我们也可以学习这一点，当然，设置悬念要巧妙，做好铺垫，然后以独特的语气讲述跌宕起伏的故事情节，环环引人入胜，最后一语道破天机。

**3.学会自嘲，适当地装傻充愣**

在马克·吐温的《竞选州长》中，主人公说了这样一句话："至于香蕉园，我简直就不知道它和一只袋鼠有什么区别！"这种略带夸张的傻话让听众觉得很有意思。这样的说话方式往往会出奇制胜，产生特别的幽默感。自嘲的说话方式不仅可以给自己圆场、避免没有台阶下，而且还给别人带去了快乐，拉近彼此间的心理距离。所以，不要怕"傻"，很多时候，"傻"还能帮你解围，为你赢得好人缘。

毋庸置疑，幽默诙谐的话语可以提升一个人的交际魅力。但是，要想恰当地运用好幽默，内向性格的人还需要掌握时机，根据场合和对象加以灵活运用。如果你仅仅是为了体现自己的风趣幽默而无所顾忌地开玩笑、调侃，那么不但收不到理想的谈话效果，而且还可能制造麻烦，引发不必要的矛盾。

## 冷幽默也能一鸣惊人

幽默作为一个外来词汇，要想给它做一个完整、确切的定义十分困难，尤其在经过中国文化的融合后，幽默也已经被赋予了更多的意义。喜欢看欧美大片的人都容易被片中的西式幽默逗笑，在一个紧张的、关乎生死的美国大片中，主人公还能保持幽默，用俏皮的话语来活跃气氛、逗乐观众，这不仅是编剧的智慧，也是西方人日常生活状态的表现。不过，这种幽默也并不是常态，不是时刻都幽默，更多时候是出乎意料的话语或者动作，甚至表现在一个平时很木讷的人身上，而这种突如其来的幽默往往能让人为之震惊。

对于内向的人来说，安静是生活常态，可能有时候看起来比较木讷，但也正是木讷能够让内向的人有施展幽默的基础，在不经意的时候展示一下幽默，往往能够起到一鸣惊人的效果，也能让人印象深刻，感到"原来这个人并不是想象的那样不好相处"。当然，这种异于平常的表现，偶尔为之往往能够起到意想不到的结果，时时幽默则会给人带来肤浅的印象，正所谓过犹不及。

张媛的老公是一位软件工程师，一天到晚面对电脑，平时也少言寡语，给人的印象就是比较木讷、安静。有一次，张媛跟老公一起去参加高中老同学聚会,所有的人都围坐在一个大圆桌上,大家都在讨论高中的趣事。

张媛跟一位同学聊起之前班上的一位同学,说这位同学特别喜欢捉弄人,有一次在教室的墙壁上画了一条蛇,正好自己的座位就在墙边,早上去教室的时候,看到那条蛇,吓个半死,就赶紧起身冲出门去,那时候她觉得自己真是糗大了。同学们听完都说这个同学真是太不厚道了。这时,张媛的老公说:"你同学没给你画一道门,让你从门口冲出去吗?"

一直不开口说话的张媛的老公话一出便引来大家的一阵惊愕,转而哈哈大笑。一位女同学说:"张媛,看不出来啊,你老公还挺逗的。"张媛笑道:"他就这样,平时都闷不作声,冷不丁就弄点儿小幽默,大家不要见外啊。"张媛的老公也因此而出名了,张媛的同学们也记住了这位沉默寡言的计算机人士。

看似木讷的张媛的老公却能语出惊人,可能与他平日的工作有关。大家都说从事计算机工作的人属于表面闷、内心狂热的人,他们长期对着电脑,总要找一些事情来消遣自己,让自己不那么闷。因此,他们也经常关注一些奇闻趣事,在平日的生活中偶尔就会蹦出一两句话来,让大家捧腹大笑,这也是他们的幽默点。

对于内向的人来说,为了增进人际交往能力、训练自身的口才,就不能一味地内向下去,要在平日的生活中积累一些冷幽默,在适合的场合让大家对你印象深刻,而不是一直默默无闻,成为人群中可有可无的人。要做到这一点,就要在平日进行一些积累。

**1.空闲之余收集奇闻趣事**

网络如此发达的时代让世界上每个角落的人都有机会足不出户就能够洞悉全球,有很多事情并不是发生在我们周围,但是我们也能看到。一些门户网站或者专属网站都有专门的趣闻论坛板块,很多人都会在上面发布一些奇闻趣事，平时有空可以多看看这些有趣的事情，通过这种方式，内向的人一方面可以让自己的业余生活更丰富，另一方面还可以通过观看、了解，积累一些趣味经验，让自己有备无患。

**2.观看经典大片，汲取幽默精髓**

很多经典大片中都有一些语出惊人的幽默话语，这也是可以学习的。内向的人大多喜欢自己窝在家里看电视剧、电影，但是，并不能只是为了看而看，还需要从中汲取有益的营养。相比较中国电视、电影，外国的一些大片更多地喜欢营造效果，用更多的镜头和画面讲述一个浅显的道理，少了一些文化韵味，多了一些视觉冲击，但是，在外国大片中，西式的幽默却往往能够让人在紧张的环境中放松心情，这不仅仅是心态，也是一种习惯，对于观看的我们来说可以学习更多精髓。而在看中国电视、电影的时候，可以学习中国文化的博大精深、中国语言的一语双关，也能从中汲取幽默的精髓，让自己从内由外地增加幽默感。

**3.从娱乐节目中学习冷幽默**

很多娱乐性综艺节目特别擅长通过冷幽默的方式吸引观众的眼球，当然，也有一些国外新闻播报节目也是擅长通过冷幽默的方式来播报新闻。美国新闻主播曾经以这个开场白来播报新闻："今天是情人节，我们想借此机会对电视机前的广大观众朋友说'大家明年好运'。"试想想，一位穿西装、打领带的主播在电视机前说这样趋于"刻薄"的话，是不是也别有一番风趣？当然，更多类似的语言都表现在娱乐节目中，娱乐节目主持人往往不受节目性质的限制，可以随意发挥，时不时地冒出一些有趣的话语，往往能够博得观众的好感。有一些主持人还特意制造全场爆冷的效果，通过自嘲自讽的方式来赢得大众的喜爱。这些都是内向的人训练口才时需要学习的地方，平日多看多学，终有一天，你也能拥有像他们一样的口才。

冷幽默并不是人天生就具备的，也不是一时半会儿就学得会的，但是只要平时多积累，多朝这个方向努力，多看、多听、多学，那么，你离冷幽默大王的称号就不远了，你给人的印象也不会再是呆板、无趣，更多的时候，别人会期待你的巧言妙语，愿意与你为伍。

## 让别人感受你的智慧

在这样一个物质丰富的年代，人们不缺吃、不缺穿、不缺米、不缺面，但缺少一些趣味。很多人都会有这样的感叹："真是没劲儿""不知道干吗""做什么都没有意思"。这是一个物质丰富、精神匮乏的年代，生活在这样一个年代，人们除了工作，不知道如何休息。事实上，人们缺乏的就是精神上的满足，无法实现身心的愉悦，这也导致内向的人越来越内向、越来越脱离社会、越来越自我封闭。

为了改变这种状况，你需要让自己的人生更加丰富，有更多的精神食粮。不仅仅是读书，还有听音乐、下象棋、踢足球、画画，等等。这些都是很好的休闲方式，也是能让自己以及他人身心愉悦、充分放松的好方式。

相声、小品演员通过自己的努力，说好相声、演好小品，让大家快乐，从而自己也会感到快乐，精神上也得到满足；一位音乐创作者创作好听的音乐让大家产生共鸣，自己也开心、大家也满足；一位书画家通过画笔将人生、景物勾勒出来，自我欣赏、大家欣赏，获得极大的满足感。这些都是精神食粮、精神寄托。虽然这里面有些东西与幽默相关，有些与幽默无关，但最终都能让人愉悦，这也是与人交流的技巧。

小兰的妈妈自从到城里来帮小兰带孩子以后，整个人就有点儿不知所措了，换了新的环境，周围的人也不认识，在语言沟通上也有障碍，因此，整天闷闷不乐的。有一天，在小区里面，她看到一群老太太在组织舞蹈小组，小兰的妈妈也走过去看看热闹。其中一位领头的老太太看到小兰妈妈过来，便积极主动地向她介绍舞蹈小组。

小兰的妈妈本来对跳舞不感兴趣，后来在领头老太太的带动下也变得有点儿兴趣了。经过几次交流，双方也找到了共鸣。领头的老太太跟小兰的妈妈说："其实，大家都是从其他地方来到城里的，除了带孙子、孙女，没有太多的娱乐，精神上总是很空虚，无所适从，如果不组织大家找点儿有意义的事情做，会更加容易消极，更适应不了这边的生活，不仅不能给孩子帮忙，有时候还会给他们添堵。曾经就有一位老太太因为不适应而精神抑郁了。"听了这位大姐的话，小兰的妈妈也开朗了许多，在带孩子之余也与同龄人一起学习舞蹈，没过多久，她也变成了一个时尚的老太太。

事实也是如此，人都是群居动物，也是灵魂动物，除了一些日常的吃喝以外，还需要精神寄托，如果没有精神上的抚慰，就如同干枯的草木，没有生机。小兰的妈妈刚开始的情况不是很好，但是在遇到邻居大姐后，通过共同的经历创造共同的兴趣、寻找共同的精神寄托，终于变成了积极乐观的人。

精神食粮有很多种，有的是精彩的人生经历，有的是温暖的人间亲情，有的是振奋人心的口头奖励，有的是有益的书本，有的是赏心的音乐，有的是甜蜜的爱情，等等，这些都是人的精神食粮。除了物质以外的需求，使人们寻找更多快乐的源泉，而对于内向的人来说，要让周围的人感受到你的幽默、你的温暖，可以先了解他们所需的精神食粮，然后以幽默诙谐的表达方式将温暖带给他们，那么，你就是一个知心姐姐，会一直受到他人的欢迎。

### 1.传递友情

有一些人的行为往往不受控制，常常搞不懂自己想要什么，有时谨慎，有时大意，但是，作为人，都需要友情，小时候的玩伴、生活中的死党、学生时代的密友，等等，这便是他们的精神食粮。因为有了友情，就算是遇到再多的困难也不会孤单，也不会无助，而友情是需要互动的，你走出一步，别人才会靠近你一点儿，你多走几步，与对方的关系才能更亲近。在这个过程中，如果你能够通过一种愉快幽默的方式传递你的友情，让他人有精神支柱，那么你就能交到最知心的朋友，也不会再畏惧与人交流。

### 2.运用幽默传递知识和快乐

很多人都是追求完美的，无论是外在的完美还是内在的涵养，都追求一种至高的境界。这类人喜欢看书，通过看书来陶冶情操、驱赶寂寞，从书中找到能量，这也是很多内向的人追求的一种境界。然而，一个人的精神追求往往是孤独的，两个人、三个人、一群人的共同信仰、追求就会因为相互的交流、共鸣而变得崇高，当然，这需要拒绝枯燥的表达方式，以更容易被人接受的幽默方式进行交流。所以，传递知识并不是简单的传达，需要变通，需要幽默。

### 3.给予积极的鼓励

任何人在做任何事的时候都或多或少地希望得到回报，无论是物质上的还是精神上的，而在你无法给予他们物质奖励的时候，你可以给予他人口头鼓励，这种鼓励往往就是他人的精神食粮。当然，鼓励也是很有技巧的，不是拍马屁，不是忌妒，一句简单的略带诙谐幽默的话语："呦，做得很好哦！"就能让人很有成就感。给予他人更有益的精神食粮，这便是交流的意义所在，对于内向的人来说，可以先从这里入手，开始你的人际交流训练。

**4.分享自身经历**

很多人看起来并没有表面上那么洒脱，但是为了掩饰自己的真实内心，往往不愿在人前流露出自己的脆弱或不安，不管心里有多难受，也会骄傲地抬起头，就算是失意，也不去找人倾诉。对于这类人而言，分享自己曾经失败的经历，以精彩、幽默、淡然的态度来与他人分享你的过去，就能让彼此之间的谈话继续下去，而内向的人就可以通过这种方式来实现双向沟通，让彼此更加融洽，让交流无障碍。

生活是需要精神寄托的，人与人之间的交流也需要建立在心灵沟通的基础上，对于不同的人来说，精神寄托也不同，要想与不同的人无障碍地沟通，内向的人首先要让自己成为一个全才，这样才能把握更多的话题，与他人产生心灵共鸣，从而让交流更加顺畅，让彼此更加愉悦。

## 幽默，让你妙言成趣

幽默是才华的体现，它以特有的诙谐让人们在会心的微笑中领悟到生活的哲理；它是一种境界，它必须建立在丰富的知识的基础上。一个人只有具备审时度势的能力、广博的知识，才能做到谈资丰富、妙言成趣。

俄国文学家契诃夫说过："不懂得开玩笑的人是没有希望的人。"可见，生活中的每个人都应当学会幽默。作为内向的人，同样要多一点儿幽默感，少一点儿气急败坏，多一点儿观察，少一点儿偏执极端，用恰当的比喻、诙谐的语言让人们感到轻松愉悦，这才是人类生活真正的养料。

有这样一个故事，有一家人为了让孩子接受更好的教育，决定搬到离城里一个学校比较近的地方居住，于是就在那所学校旁边找房子。一家三口，两个大人带着一个5岁的孩子找了一段时间，终于找到一家愿意把自己的房子租出去的，于是他们敲门，小心地问道："您好，我看到您家里有招租启事，不知道我们能不能租住你们家的房子。"房东看到一家三口人，孩子还那么小，于是便说："实在是不好意思，我不想把房子租给有孩子的住户，你们还是找其他的地方吧。"

这对夫妇和孩子都很失望，但也只好作罢。走了没多远，孩子便拉着自己的父母回去敲刚才那个房东的门，房东开门后，小孩说："夫人，您好，我想租房子，我没有孩子，只有两位大人。"房东听到后哈哈大笑，看到这个孩子这么懂事，便把房子租给了他们。

故事中的孩子没有任何心机，也谈不上有谋略，但是，一句话出自小孩的口，就自然蕴含了最本真的幽默，这当然也是最真实的。

对于很多人来说，尤其是内向的人，往往以自己不够智慧、不够有才华为借口，说自己学不会幽默，不知道如何运用幽默，其实，只要善于发现、善于总结、善于学习，幽默就是有迹可循的。

**1.实话实说，幽默没什么大不了**

通常情况下，幽默往往跟直截了当扯不上关系，因为幽默是一种间接的暗示、善意的诱导，但是，如果以真诚善意的实话实说、反其道而行之也能起到幽默的效果。有时候，比起严厉指责，实话实说的幽默所表达的信息更容易让人接受，这也是一种幽默技巧。有时候，为了揭穿他人的谎言，又不让他人陷入尴尬，可以通过让事实本身去说话的方式来解决问题。如果你遇到一个骗子，说自己能够用气功治疗疾病，那么，你可以让他对你施功，如果他问你有没有效，你可以实话实说，为了证明自己的功力，骗子往往会动一下手脚，让你感受到气功的存在，当他再次问你的时候，你可以先回答有感受，然后再说具体的感受，比如，"你按住我的太阳穴了"、"你捏着我的胳膊了"。这种方式既可以揭露骗子的故弄玄虚，比起一针见血地指出骗子的做法，效果要好很多，这便是另外一种幽默。

**2.一语双关，体现语言的魔力**

中国文字博大精深，一语双关是人们常常用来开玩笑的话语。而为了让自己的口头表达更幽默、更深入人心，可以经常使用一语双关的方式来制造效果，实现"言在此而意在彼"的表达。有一些比较乐观豁达的教授在跟人谈笑的时候，别人称呼他们博导、博士生导师，他们为了表现幽默，就会说:"老朽老矣,博导博导,一拨就倒,我是拨倒,不拨自倒。"这样一来,就能把在场的人逗乐,也正是这种一语双关的表现方式,让大家更愿意与他们交流,觉得他们风趣幽默。而中国古代的很多诗词也将一语双关表现得淋漓尽致,如"东边日出西边雨,道是无晴却有晴"。而现代人的智慧也让很多词语变得丰富起来,尤其是一些广告语,如"给电脑一颗奔腾的芯",这是奔腾的广告词;"穿什么就是什么",这是森马服饰的广告词,除此之外,还有很多一语双关的词汇,这需要大家在平日里多注意,以"拿来主义"的方式活学活用。

### 3.适当地画蛇添足也能制造幽默效果

画蛇添足,顾名思义,画蛇的时候加了腿,最后就蛇不像蛇,龙不像龙,也被用来形容不必要的言行。从词义上来看,这是一个贬义词,但是,如果将这种思路放到合适的地方,也能产生幽默的效果。曾经有一位准新郎,在结婚的当天因为堵车,没有准时到达婚礼现场,焦急之余,他给准新娘打电话说:"我在堵车,要晚一点儿到现场,在我到达之前你不要结婚哦。"作为婚礼,没有新郎肯定举办不了,新郎的话也当然是画蛇添足,但是这样的话不仅能够让准新娘消去心中怒火,还能让她会心一笑,这便是画蛇添足的效果,所以,适当地画蛇添足也未必不是一件好事。

### 4.自我解嘲,让气氛更融洽

幽默最高深的精髓就是自我解嘲,古今中外很多站在金字塔尖的名人都很谦卑,并且善于通过自嘲的方式来制造一种和谐的气氛。富兰克林曾经做了一个实验,本意是用电流电死一只火鸡,不料接通电源后,电流竟通过了他自己的身躯,将他击昏过去。醒来后,富兰克林说:"好家伙,我本想弄死一只火鸡,结果却差点儿电死一个傻瓜。"通过这种自嘲的方式,在场的人也不会因此而惊慌失措,反而能够活跃气氛,让大家轻松愉快，这就是自嘲式幽默。对于内向的人来说，放下自身小小的自以为是的自尊，偶尔自嘲一下，往往能够起到很好的增加感情、活跃气氛的作用。

**5.让逻辑错位一小步，让幽默增进一大步**

人们常说，说话要有逻辑、有因果关系，不要混乱，确实如此，一个善于表达的人确实需要有很强的逻辑思维能力以及语言组织能力，但是偶尔故意让逻辑不通，却能够起到出乎意料的幽默效果，让大家开怀大笑，也是一个不错的幽默技巧。这个时候，一些脑筋急转弯就能派上用场。

幽默是一种艺术，也是各种技巧的集合，但前提是用慈爱之心对待世间的荣辱冷暖，在从容嬉笑之间活跃大家的气氛，包容世间万象，这才能展现真正的人格魅力，才能成为幽默高手、言谈大师，在语言表达上成就一番天地，也是内向的人需要积极锻炼、努力的方向。

## 幽默不是搞笑，别弄巧成拙

幽默与滑稽有何区别？在很多人看来，滑稽与幽默是两码事，虽然有接近的地方，但是有很大的区别。滑稽很多时候并不一定都可笑，但幽默却是由不得你不笑，同时在大笑中渗透着哲理与思考，这就是幽默真正的意义所在。

一些电视节目中经常会出现扮相滑稽、穿着夸张、动作莽撞、迟钝、傻乎乎的人物形象，这些在我们眼里只是滑稽，并不是真正意义的幽默。如果用词语来形容，那就是瞎胡闹、装傻充愣，不但不可笑，有时候还会招人反感。因此，想要制造幽默效果，一定要摒弃这种滑稽的扮相。

幽默本身是与聪明、睿智、灵巧相关联的，讲究含蓄和寓意，没有呆傻的搞笑表演，在不经意间流露幽默的成分。只有聪明的人才具备幽默的前提，愚笨的人如果生搬硬套，只能弄巧成拙，让自己成为小丑。对于内向的人来说，一定要合理地区分良莠，不要练就盗版的"九阴真经"，走火入魔。

通过两个例子，我们来看看幽默和滑稽的区别。有一个小旅店的房客因为房间漏水，便向店主发牢骚，找来店主说："我真受不了了，你这间房漏水漏得不行了，怎么住啊！"店主开的这家小旅店本来就是小本经营，这位房客还跟店主讨价还价，让店主将一个顶层有点儿问题的房子给自己住，店主听到房客的抱怨后，拍拍房客的肩膀说："你就不要埋怨了，这个价格的房子不漏水，难道还漏葡萄酒不成！"

又有一次，房间里面的墙壁上有点儿掉皮，房客遇到了店小二，于是对店小二说："你跟你们老板说说，你们这个房子都掉皮了，给我便宜一点儿的房租吧。"店小二也知道这位房客，在做了一个假装站不稳的动作后，以蔑视的眼神对房客说："你当我给你打工啊，真是搞笑。"

这个故事中机智的店主以幽默的方式把对房客欠费的不满透露给对方，而店小二却以讽刺滑稽的方法展现自己对房客的不满。两个人不同的表现便是对幽默和滑稽最直接的反映。相信人们在遇到店主的时候不会觉得店主滑稽可笑，更多的情况下会觉得店主说话比较幽默诙谐，但是遇到店小二，则会觉得店小二很没礼貌、像小丑。

不同的表达方式所产生的效果肯定是不同的，滑稽和幽默本身也有天壤之别，在运用的时候也需要把握度，不要让低级趣味的讽刺抢占了整个话题，让人觉得你不是在扮演幽默的智者，而是滑稽的小丑。

### 1.不要降低档次，把滑稽当幽默

很多时候，我们将滑稽与丑等同起来，将丑视为滑稽的根源和本质，犹如人如果在过马路的时候，本来还自娱自乐、蹦蹦跳跳的，突然不小心踩到香蕉皮，摔了一跤，这是滑稽；一个正常的人听到旁边有一个说话结巴的人，于是也学着磕磕绊绊地说话，这也是滑稽，这些都是不美的东西，与崇高对照，这些只能被全盘否定，如果以此为幽默的基础，那只能显示出低俗。所以，要想表现幽默，但又不失体面，就要学会从去除邪恶、伸张正义的角度出发，制造幽默氛围，凸显正直、睿智。

### 2.摒弃讽刺，善意地表达话语

如果将讽刺与幽默摆在一起，虽然看着比较像兄弟，因为它们大多出人意料，但是幽默确实入情入理，而讽刺则是不合情理。有些人喜欢在说话的时候隐藏讽刺，如表达一个人一窍不通，他就说："这个人很开窍啊，开了6窍呢。"往往我们用7窍来形容人的聪慧，而他却说这个人开了6窍，那剩下的一窍呢，也就是说一窍不通。这个时候折射出来的便是尖锐的嘲笑。人都不是傻子，都会思考，通过这种讽刺的方式来说其他的人，不仅不能凸显你的智慧，反而让人觉得你很可恶。所以，在训练口头幽默的时候，一定不要加入此类的嘲讽，让自己不受欢迎。

### 3.摆脱刻薄，宽容待人

在生活中，有时候会遇到这样一类人，他们喜欢贬低、打击别人，说话尖酸刻薄，虽然有时候通过一些修饰让自己说出来的话显得有水平，但是动不动就容易挑起"战机"和矛盾，造成恶劣的影响。大多数的人都是抱着看笑话的心态来观察周围的人和事的，如果为人刻薄，可能会有一些观众，但并不是凸显自我修养、树立良好形象的最佳选择。所以，在训练口才的时候一定要让大脑过滤话语，不要以刻薄的姿态来妄自尊大、傲慢无理地表现自我幽默，要放下那个僵硬的自我，让自己获得自在，不再对人刻薄，那样，你才能练就更优秀的演讲口才。

幽默讲究语言的生动、形象，也运用反语、双关、比喻、夸张等多种修辞手法，但字里行间不会充满仇恨、蔑视，也不会给人以讥讽感。虽然只有满怀幽默感的人才能意识到其幽默的潜台词和深远的意义，但蕴藏着嘲笑和批评的讥讽却不是幽默的正轨。综观任何一部作品、任何一次讲演，标有幽默戏份的东西虽然无法在表现手法上体现纯粹的智慧，但是在用幽默的方式引人发笑后，一定要让人了解到深刻的哲理和启迪，并产生发现严肃、高尚、美好、善良以及崇高的思索，这才是训练口才真正要把握的方向。

## 面对意外，处变不惊

很多人在遇到突如其来的变故时都会惊慌失措、乱了阵脚，并且容易胡言乱语，不但会得罪人，还解决不了任何问题。虽然，内向的人可能在更多的时候不会有动作和行为上的慌乱，但是却往往会引起很大的内心波澜，从而无法与人交谈，无法告知他人真实的状况，也给自己带来很多隐患。

综观一些交际手腕硬朗的人，他们更多的时候表现出来的是处变不惊，以平静的态度对待突如其来的变故，从容地解决，与人玩文字游戏，最终将事情完美地解决。当然，也不排除一些积极面对生活的人，他们能从容地识破语言骗局，为自己和他人增添更多的生活乐趣。

曾经有这样一个人叫小常，在一个周末接到一个陌生来电，接通之后，电话中传来蹩脚的广东普通话："你好啊，在干吗呢？吃饭了没有？"小常在心里打鼓：到底是谁呢？在寒暄了两句之后，那个人就说："我是杨雨，之前在商务会谈上见过，一直没给你电话，想跟你聊聊。"

在经过一两次你问我答后，小常知道这是一个骗子，但小常本来就是一个玩儿心很重的人，于是准备和这个骗子玩玩，就对骗子说："原来是杨总啊，我怎么不记得你呢，我刚刚出差到你那边了，好久不见了，找个时间出来聚一下，咱们不醉不归。"骗子以为有大鱼上钩，第二天就给小常打电话，说自己在警察局，被罚款了，因为钱不够，想借钱。小常知道其中的猫腻，便说："杨总，你怎么这么不小心啊，你等着，我给你汇款。"过了一会儿，骗子又打电话给小常，小常顺势便开始戏弄骗子，问了骗子的家长里短，最后弄得骗子也没有了话说，电话费也用完了。这样一折腾，本来还显得有点儿无聊的小常也因此而兴奋了好一阵，心情也好了很多，并且之后还将这段经历告诉了自己的朋友，逗大家开心。

其实，在人与人的交流中，正是需要这种心态，让大家都能够愉快地交流、开心地生活。而要练就处变不惊的心态对待突发事件，也可以通过以下一些训练。

**1.锻炼良好的心理素质**

人无论做什么事情，都需要良好的心理素质。心理素质提高了，心态就平和了，做事也稳重了，为人处世也有策略了，而锻炼心理素质的前提是调整好心态、平衡自我，在面对别人的指责或者突如其来的误会，有必要的就去纠正，没必要的就不要争论，对于一些话，自己明白就行了，没必要跟任何人说，学会做一个懂得自己需要什么和能要什么的人是最关键的。

### 2.少一点儿欲望，多一点儿努力

欲望伴随着我们的一生。人类之所以绵延生息不绝，源于欲望的驱动，所以"人生而有欲"。但是，穿，暖和就行；饭，吃饱就行；住，有房就行。这些是我们生活中最基本、合理的欲望，只要我们认真努力，就很容易实现，幸福感、满足感、成就感也会随之而来。托尔斯泰曾经说过，欲望越小，人生就越幸福。确实如此，欲望过多，必定会因为无法得到满足而痛苦，但是，保持一颗平常心，在人际交往中真诚地对待他人，过平凡的人生，这才是幸福的人生，也是值得别人称道的人生，也是你人际交往的筹码。

### 3.摆脱偏见

人都是感官动物，喜欢通过眼睛去判断美丑，尤其在人际交往中，漂亮帅气的人往往会得到更多人的青睐，很多人也愿意与他们交流。然而，美本身并不局限于外表，内心的善良、真诚也是判定美丑最基础的指标。对于内向的人来说，一定要通过交流与观察了解一个人的真善美，而不仅仅凭借外表来选择交流的对象。玫瑰虽然很美，但浑身是刺；雏菊虽然随处可见，但是却能入药治病。所以，在选择交流对象的时候，一定要摆脱外表、地位的偏见，以平等的心来对待他人，这样才能让你把握更多的主动权。

内向的人因为看起来比较木讷，很多时候都被归为不善言辞的一类人群，这本身就是人们戴着有色眼镜看人的表现，这是人际交往中最需要摒弃的不良思想。而内向的人外表平静，具有处变不惊的形象，但并不代表他们内心没有波澜，这也是人际交流中需要训练的地方，当然，还有对于欲望的把握。要想获得唐伯虎似的风流倜傥、说唱自如，就更需要以处变不惊的心态来应对各种变数，让自己在人际交流中收放自如。

## 第六章 技能一
## 销售：打动客户心的另类方式

### 内向性格的人也能做销售

放眼望去，似乎所有销售员都是口齿伶俐、条理清晰、侃侃而谈。这也就在人们的观念里形成一种认识：销售员都是外向性格，只有外向性格的人才适合做销售。

事实果真如此吗？

答案当然是否定的。我们可以先举个例子，位列美国十大销售高手之一的乔·坎多尔弗就是典型的内向性格，他对自己的评价是"嗫嗫嚅嚅，见人低头，不敢高声说话"。可是，他不是也取得了巨大的成功吗？世界上还有很多顶尖级的销售高手，也都未必是外向性格。

曾有一家公司做过调查，结果表明，一个人销售成绩的好坏的决定因素并不是性格，而是其本人的心态，或者说意愿，销售成绩差者大多是那些缺乏进取精神的人。这样的人里面，既有外向性格的人，也有内向性格的人。所以说，性格决定不了销售的业绩，认为性格内向的人不适合做销售的理论是靠不住的。

事实上，不同的性格只是在思考问题、处理问题的方式和风格上有所不同，而这并不能被我们主观地认为适合还是不适合做某种职业。

某网站的论坛里，一个刚刚从事销售工作的青年在向大家咨询问题。他认为自己很内向，而且"不是一般的内向"，生活中几乎没有朋友，很孤僻、爱独处、不爱说话，在公司里也不主动和同事交流，是很被动的一个人，但他目前刚刚从事销售工作，当初只是怀着"改变自己"的冲劲儿来的，现在开始担心起来，不知道自己能否做好，同时他还说不知道能否改变自己的性格。

在下面的回复里，有一位同样是性格内向的"过来人"，他对"晚辈"说："我也是做销售的，我原来一说话就脸红，人多也不好意思说话，现在我在董事长面前、摄像机面前都能说，而且说得让大家都很认同。"

其中还有回复者告诉他："没有谁是做不了销售的，实际上我们也是无时无刻不是在推销着自己。其实每个人都有自己的一套销售准则，只要慢慢地发现了适合自己的销售方法，就可以做好。"

的确如事例中回复者所说的，没有谁是做不了销售的，销售员这个职业绝不会对外向人另眼看待。我们可以从市场角度来分析，人与人都是有性格差异的，前来购买同一种产品的顾客也是形形色色、性格各异的。换句话说，没有哪一类性格的销售员可以"通吃"，他和这部分顾客投机，而你可能就和那部分顾客投缘。

事实上，由于客户性格、环境、阅历等不同，他们的需求风格也不尽相同。比如，有的喜欢那种热情积极、活泼开朗的销售人员，认为销售员就得能说会道，而有的客户喜欢那种谨慎仔细、冷静持重的销售人员，认为销售员没必要说得多好，而只需把产品各方面的情况介绍清楚就可以了。

说到底，客户喜欢的销售员和性格没有关系，真正影响销售水平的是其对产品的了解和为客户能够提供的服务，是让客户感受到"这个销售员很专业"的良好印象。就这一点来讲，恐怕不管是内向的还是外向的销售人员，都有做得好的，也都有做得不够好的。其实，每个人都有自己的一套销售准则，内向者要做的不是改变性格，而是发现和完善适合自己的销售方法，并善以运用。

1. 始终如一，而不是售前售后"两张嘴"

有个别外向性格的销售员，虽然在客户买其产品时热情开朗，不断地说着"拜年话"，可一旦购买结束或者没有成交就会马上变成一副冷面孔。而内向性格的销售员在这一点上应该更具优势，他们往往会自始至终保持一种"匀速运动"，不至于让客户有坐过山车般的感觉。前后对比，哪一类销售员更容易吸引客户就一目了然了吧。

2. 不改变性格，但却一定要让自己变得自信

要想把销售工作做好，需要改变的不是性格，而是克服自己可能存在的弱点，比如自卑。这一点或许在内向者身上更容易存在，而自卑对于销售往往又起到阻碍作用。所以，要想做一名优秀的销售员，需要在语言和行为上展现出自己自信的一面。只有做到这一点，在客户面前才会表现得胸有成竹，才能征服消费者，客户对你推销的产品才会充满信任。

据说作为吉尼斯世界销售纪录创造者的乔·吉拉德在当初应聘汽车销售员时，人家问他是否销售过汽车，他回答道："我没有销售过汽车，但我销售过日用品、家用电器。我能成功地销售它们，说明我能成功地销售自己。我能将自己销售出去，自然也能将汽车销售出去。"正如推销大师乔·吉拉德所说，一个销售员拥有了充分的自信，就等于成功了一半。

总之，推销工作的成败并不取决于销售员的性格，而是取决于专业技

能、服务水平，等等。因此，别再相信"销售是外向人干的事儿"这样的话了。只要你喜欢这个行业，并能够挖掘自己的优势和潜能，那么即使你是内向性格的人，也可以大胆而从容地投身到销售事业中去。

## 克服恐惧心理，社交不胆怯

销售其实也是一种社交，很多内向性格的朋友在销售过程中常常会产生对客户的恐惧心理，比如不敢与人打交道、担心被拒绝等。而正是这种恐惧感会为我们的销售工作带来极为不利的影响。有统计数据表明，由于缺乏与客户打交道的勇气而遭到淘汰的销售人员高达40%以上。

性格内向的王艺林在舅舅的介绍下，进入了一家安防工程公司做业务员。由于刚刚接触这个行业，再加上性格内向，王艺林对于拜访客户总是很犯难。

可是，他的舅舅一心想着让外甥锻炼锻炼，就拜托在该公司做副总裁的朋友要有意识地让王艺林得到一些锻炼的机会，舅舅还说，要把那些难争取的客户交给他，让他得到锻炼。

朋友遵照王艺林舅舅的嘱托，果然为他做了相应的"安排"，这一天，王艺林就接到上司交代的一项任务，拜访一位大家都知道的难对付的客户。

这下，王艺林本来就恐惧的心情越发不安起来，他担心客户为难自己，或者骂自己个狗血喷头，那得多难为情啊！于是，王艺林越想越害怕，甚至有了放弃的念头。但是领导已经安排给自己了，而且也已经和客户约好了见面的时间，不去更不合适。于是，硬着头皮，带着害怕，王艺林踏上了去客户公司的路。

在路上，王艺林一直忐忑不安，他像个编剧一样设想出很多种可能出现的情况，这让他的心情越来越沉重。当电梯打开，将要走进客户办公室的十几秒里，王艺林的心里就像揣了个小鹿一样跳个不停。

坐在客户面前后，王艺林发现客户并没有之前同事们议论中说的那么严肃，甚至"凶狠"。相反，客户对王艺林还很客气，可客户越是热情，王艺林越是不安，紧张得腿都直哆嗦，说话也不利落了。客户见他是如此的表现，心生不满，就推脱说自己马上还有个会要开而让他离开了。王艺林也就无功而返，神情沮丧地回到了单位。

不用问，此次销售未能成功，其根本原因不在于客户难对付，而是王艺林自身的恐惧心理使本该发挥的交流水平大打折扣，导致客户不满而使交易失败。这也怪不得别人，要怪只能怪王艺林心理素质过低，当听说客户不好对付，再加上本来就内向，于是他就产生了担心，害怕这，害怕那，这样一来，如果能表现好简直就是奇迹了。

有统计数据表明，在销售失败的原因中，不适当的产品和销售技巧只占到15%，沟通的不足和语言的差劲也只占到20%，态度消极则占到了50%之多。关于一个人的心理态度对结果的影响，还有一个佐证：把一块长10米、宽30厘米的木板放在地上，任何腿脚健全的正常人都能够轻易地从上面走过去；如果把这块木板放到高空，大多数人就会害怕得胆战，不敢迈出一步。

为什么同样的木板、同样的人，在不同情况下会有如此大的差异呢？这是因为当木板置于高空时，人们会形成一种这样的心理暗示："太危险了，我肯定会掉下去的。"在这种暗示作用下，心理恐惧也就不可避免了。很多内向性格销的售员失败正是这种"客户恐惧症"导致的。

因此，作为销售员，你不但要和外向性格的销售员那样把基本功练扎实，让自己掌握充分的销售知识，对自己所销售的产品能够彻底了解清楚，而且还要克服恐惧心理，让自己具备有勇有谋地应对客户的能力。当这几项重要能力都具备的时候，那么一个内向性格的销售员恐怕就能游刃有余，客户之花遍地开了。

## 用专业的态度给顾客吃一颗"定心丸"

"哥们儿，晚上一起吃饭啊，下午等我电话！"

"兄弟，我跟你说，咱俩谁跟谁啊，不给你最优惠的价格，那咱还算兄弟吗？"

"这样吧，看在咱俩都是自家人的分上，也别啰唆了，就这样吧！"……类似这样的话，让人们一听就容易想到是从外向者口中说出来的。确实，相对于内向者来说，外向者更容易展现自己热情的一面，通过这种"哥们儿"式的交往和客户打成一片。

可是，不谙此道的内向者不具备这种自来熟的本领该怎么办呢？

实际上，我们暂且不要羡慕外向人的这一点，先看看通过这种方式到底吸引了多少客户。有人做过统计，这种通过建立哥们儿式的友谊来达成销售的比例约为10%。换句话说，和客户建立兄弟一般的热情，虽说可以增进彼此的联系，但是仅有热情还是远远不够的。

这是因为，大多数客户并不喜欢销售员和自己套近乎的谈话方式。客户也不是傻子，深知销售与客户之间的"兄弟"至多只是一种称呼而已。

其实，成功的销售过程往往是建立在买卖双方认识点的一致性的基础之上的。对于大多数人来说，增进情感认识的方式并不是见面熟，这样往往会让客户觉得你太过肤浅、不可信任。

对于这个问题，我们用一个直观的情境来分析一下，就不难得出答案了：

在一个大的购物商场，一位销售人员看到新的客户走过来的时候，立刻跑到客户身边，跟人拉关系、套近乎，左一句"亲"，右一句"宝贝"，不停地说："你看看这个吧，我觉得这个特别适合你"之类的话。

而另外一位销售人员在看到新客户过来的时候，首先只是以真诚的微笑和鞠躬的方式跟客户打招呼，并且简单的一句"您好！欢迎光临，请问有什么可以帮到您的吗"，然后耐心等待客户提出需求，仔细观察客户的举动。那么，如果你是客户，你会倾向于在哪家店停留呢？

相比较两位销售人员，从态度上来看，第一位销售人员的态度是绝对的热情满满，第二位销售人员的态度却是不温不火。然而从专业的角度来看，第二位则显得更加专业，他选择了以一种专业的态度和方法来应对前来消费的潜在客户。

而这第二种销售员的做法，对于内向性格的朋友来讲，是很容易学习的，因为内向者本来就不会顺嘴说些过于客套的话，而是更倾向于一板一眼地向客户介绍。

如此看来，在销售过程中，热情不是最重要的，信任才是最关键的。虽然人们在评判一个服务人员专业或者不专业的时候，第一印象就是通过销售人员表现出来的态度判定的，但"热情"并不代表"专业"，更多的时候是一种方法的延续、方式的合理切入。所以，内向的销售员略显"矜持"的专业态度往往会给客户吃一颗定心丸。

那么，内向者如何来增强客户对自己的信任呢？

**1.给客户最专业的指导和服务**

一个内向性格的销售员可能不具备高度的热情，但这并不妨碍你具备专业的指导和服务。如果把热情和专业拿给客户选择，那么估计100%的人都选择后者。所以，要想留住顾客，就得给他们最专业的指导和服务，如果你没有专业性的指导，无法赢得顾客，生意就难以保证了。具体来说，专业的指导和服务可从两方面获得，一是销售员能够充分了解自己的产品，娴熟地为客户介绍产品。二是了解客户的心理。要成为一名优秀的销售员，一定要明白客户最想要的是什么。

总之，你要从工作技能、知识、态度等方面去多方提高和完善自己，掌握更多、更专业的相关信息和知识，成为名副其实的专家，而不是一瓶子不满、半瓶子晃荡的"砖家"。

**2.不多说废话，把有限的语言说在点子上**

内向性格的销售人员往往不会说太多话，而这也是增进客户信任的重点之一。因为说得太多，又没有太大价值，客户就会不耐烦，听不进去。所以说，和客户说话需要简练又不失力度。说话是否精彩不在于话的长短，而在于你是否抓住了关键、说到了关键点上。现代商务来往节奏快、业务繁忙，作为销售员的你，每说一句话，都要字字用在刀刃上，如此便能有利于你业务的开展，切不可冗长拖沓，说半天也说不到点子上，让客户听了心烦，恨不得溜之大吉。

## 通过媒介让你的表达游刃有余

对于内向者来说，有些时候会担心面向客户推销的时候自己口才不佳，无法和客户取得良好的沟通。不过，内向性格的朋友倒是可以多利用电话、电子邮件或者网络即时通信工具等来和客户沟通。由于通过文字形式的沟通，首先不必像面对面交谈那么紧张，还会因为有思考的余地而让说出口的话更有条理和分寸。

所以说，担心自己口才不好的内向性格的朋友正好可以利用这一点，通过电话、网络等和客户交流，这样就会让你从担心口才不好的思绪中解脱出来，从而让自己游刃有余、应付自如。

当然，内向者进行电话推销是需要一定的技巧的，在此我们为大家介绍以下几种技巧：

**1.找对时机，让客户有时间听你的话**

内向者和外向者在和陌生人初次对话时会有不同的表现，外向者可能会"见面熟"，一上来就和客户聊得热络，这样一来，即使客户没有时间，销售员也不会因此而感到尴尬，而是赶紧收尾，同时为下次通话或见面埋下伏笔。而内向者往往是慢热型，如果一开始客户就没有充足的时间来听，那么之后达成购买意愿的可能性就会很小，这样的电话推销显然是失败的。

因此，内向者一定要选好打电话的时机，在客户时间较为充裕的时候与其通话。一般来说，销售人员最好不要在上午打电话，因为客户上午的工作很忙，没有心情接待电话来访人员，更不要说定下见面的时间。即便客户接了电话，定下了见面时间，也可能会因为与当天的突发事件，比如出差、开会等时间冲突而取消这次见面。

通常情况下，打电话的最佳时间是在下午两三点以后。在这段时间里，客户一天的工作已经基本上完成了，空闲时间比较多，心情也会愉悦一些，这时，如果销售人员打电话预约，客户会耐心地听介绍，然后定下见面时间。

**2. 了解客户的喜好，寻找相似者**

科学家经研究发现，人与人见面时会出现磁场，如果彼此的磁场相匹配，说话就会很投缘。在电话之中也存在这样一个磁场，如果销售人员与客户的磁场匹配，交流时就会很顺利。

因此，内向性格的销售员最好寻找和自己性格相近的客户进行推销，这样容易让客户感觉到你们谈话的磁场，从而对你产生"来电"的感觉，印象分自然就高起来了。

当然，由于对陌生客户毫不熟悉，要做到这一点绝非易事。因此，这种方法较适用于有一定知名度的大客户。你可以提前从外界了解一些该客户的性格及行事习惯，等等。

**3. 介绍业务、产品要适可而止**

内向者大多不会长篇大论，这对于首次向客户电话推销是大有裨益的，因为在电话或者网络中，销售人员无法从客户的面部表情、行为举止判断他的意愿，而且，详细地说明业务或产品，会让谈话时间变得很长，客户会失去耐心，也许会不等销售人员说完，就一口拒绝或干脆挂断电话，根本就见不到面。所以，语言简练、表达简洁的内向性格销售员在这一点上更具优势。

**4.善始也要善终**

由于性格中的细腻因子，内向者做事不会风风火火，更不会随便糊弄、虎头蛇尾，这会让客户产生好感，即使预约失败，说不定以后客户对其推销的产品有需要的时候，就会想起曾经的那个"有素质"的推销员。

因此，在通话接近尾声时，不管预约是否成功，你都要保持最初的平和态度，用"不好意思，耽误您这么长时间"、"谢谢您听我的介绍"等礼貌话语结束通话。

总之，作为销售员，你不要存有这样的想法："客户在电话中只能听见我的声音，就算我躺着，表情冷淡，他也不知道。"其实，在电话中，客户是可以判断出销售人员的面部表情、文化修养、专业素养等的。因此，为了给客户留下良好的印象，销售人员一定要遵循电话预约的几项原则——面带微笑、态度谦和、声音阳光、用语文明、内容精练，同时运用好内向性格的优势，顺利地把客户"拿下"。

## 巧妙化解顾客异议

客户能够微笑地来、高兴地走是每个销售员所殷切期待的，可是总会有那么多"不和谐"时不时来捣乱，不是这个客户有质疑，就是那个客户有要求，或者有的客户干脆用说"不"来断然拒绝。

这个时候，内向性格的销售员可能会为自己欠缺嘴巴功夫而懊丧，此时他们恨不得自己能像外向者那样口绽莲花，说服客户，让大事化小，小事化了，使做不成的买卖有希望，让合作的客户"再回头"。

难道只有外向者可以如此吗？内向者就没有化解客户异议的方法和机会了吗？当然不是。

小苏是一位有着多年销售经验的"老兵"，同时也是个性格偏内向的人。他曾说过："客户提出异议是再正常不过的事，如果把它看得特别重、特别烦，那么就相当于把客户支走。每次面对这类客户，我都会认真听他们把话说完，然后帮其分析，同时我还会从中挖掘到更多的隐藏信息，从而更利于抓住客户内心，促成销售。"

那么，面对客户的多重异议时，内向性格的销售员应该如何机智应答呢？以下是几种化解异议的方法，我们可以借鉴一下，举一反三，最终得到客户的认同。

**1. 看准机会再答疑**

由于内向者心思细腻、追求完美的性格特征，所以当他们与客户交流的时候，往往会把说话的机会多留给客户，而自己先做好听众，待机会合适的时候再解答客户的疑惑。有调查表明，优秀的销售人员遭到客户严重反对的机会只是普通销售人员的1/10。研究人员认为："这是因为优秀的销售人员对客户提出的异议不仅能给予一个比较圆满的答复，而且能选择恰当的时机进行答复。"如此看来，作为销售员，不要张口就为顾客答疑，而是要看准机会，找个合适的时机再开口。

**2. 故意向客户求助**

前面我们曾提到过内向者低调处世的好处，其实做销售也一样，当面对心细谨慎的顾客，销售人员要在其提出异议的最初就给予合理的解释，博得顾客的理解，然后再说点儿示弱的话，故意向顾客求助，让其帮助介绍客户。这样一来，顾客就会有很强烈的购买欲望。

郭跃里在一家电子商城中卖手机。一天，一位老板模样的顾客走到柜台前，说道："你好，我想咨询一下这款手机在你们这里卖多少钱？"郭跃里说："您好，先生，这款手机是今年的新款，价格是2800元。"顾客惊讶地说道："不会吧，网上才卖2400元，你们整整高出400块钱！"郭跃里说道："先生，关于价格的问题，您不必担心被'宰'，我保证您在我们这里买的手机都是货真价实的。我们是薄利多销，最希望的就是有回头客。我一看您就像老板，希望您购买后能多介绍一些人到我们这里来买手机。现在的手机市场竞争太激烈，我们卖一部手机才能赚几十块钱，除去房租、运输费、税务等大小开销，我们几乎不赚钱。所以，您这种大老板得帮我们多介绍一些客户。"

顾客听后，立刻眉开眼笑，买下了一部手机。郭跃里一边装手机，一边对顾客说:"先生,如果有什么问题,您随时来这里找我,我一定会尽全力帮您解决,这是我的名片,咱们交个朋友,希望您以后能多介绍几个朋友过来,我一定给他们最大的优惠。"

郭跃里化解异议的方式是很值得借鉴的,他在言语中给顾客传达了"我这儿的手机性价比很高"的意思,而且他以低姿态的求助方式让顾客感到了他的诚意,对他产生了信任感。顾客会觉得双方不仅是买卖关系,而且是朋友关系。所以,顾客就不再提出价格方面的异议了。

**3.就异议提问**

如果根据职业划分,外向者适合做一个"演讲家"的话,那么内向者似乎更适合做采访各类人物的"记者",因为内向者或许不善于讲,但却善于问。

在一些销售过程中,客户提出的异议并不是他的真实想法,有时连顾客本人也无法解释这个异议产生的真正原因,销售人员也就很难判断顾客的真实想法,销售的难度就会增加很多。因此,当顾客提出异议时,销售人员可以就这个异议反问顾客,从而找出异议的根源。

至于怎么来找,就要发挥内向性格善思、爱问的特性来。我们可以通过重复异议的方式向客户提问,这既表现出销售人员对客户的敬意,又可以帮助销售人员确定自己要回答的问题。比如,我们可以这样重复:"如果我没有理解错的话,您想要表达的意思是……"这种提问方式有利于销售人员与顾客进行更深一步的交流,也让客户更易于接受销售人员的主张。

那些缺乏经验、情绪又容易激动的销售员,会因为异议而与客户闹得脸红脖子粗,导致双方不欢而散,一桩买卖就这样吹了。其实,销售人员不应该与顾客进行激烈的争论,争论不是说服顾客的好方法。在这场"辩论赛"中,损失最大的永远是销售员,正如那句销售行话所说:"占争论的便宜越多，吃销售的亏越大。"因此，内向销售员应充分利用自己的优势，巧妙地化解顾客的异议，消除顾客心中的疑团。这样，客户才会倾心于你，和你签单。

## 首因效应助你留下好印象

美国勃依斯公司总裁海罗德说："大部分人没有时间去了解你，因此他们对你的第一印象是非常重要的。如果你给人的第一印象好，你就有可能进行第二步，如果你留下一个不良的第一印象，很多情况下，我们会相信第一印象基本上准确无误。对于寻求商机的人，一个糟糕的第一印象就可能让你失去潜在的合作机会，这种案例数不胜数。你必须花费更多的时间才能够抹去糟糕的第一印象。"

不管是内向者还是外向者都深知第一印象的重要性，为此，为了一次社交活动，你会让同伴为自己做参谋，帮自己挑选最合适的礼服；为参加一场面试，你常常会精心地挑选衣服，仔仔细细地照镜子，看看脸部的妆容有没有什么不妥……凡此种种，无不表示你对于和别人的第一次会面的高度重视。换句话说，在你心里，已经认识并践行着"第一印象"这一人际交往中的法则。

作为销售员，在和客户约见的过程中，第一印象同样起着至关重要的作用。通过第一印象，客户可以通过你的表情、姿态、仪表、服饰、语言、眼神等对你产生一定的印象。虽然看上去七零八碎，但实际上却非常重要。心理学家通过研究发现，人们的第一印象的形成是非常短暂的，有人认为是见面的前40秒，有人甚至认为是前两秒，在一眨眼的工夫，人们就已经对你这个人下了结论了。有时就是这几秒会决定一个人的命运。

可能对于外向性格的销售员来说，由于其热情开朗、侃侃而谈，能够从一定程度上赢得客户的关注和重视，而内向性格的销售员却往往因为不善寒暄而让客户觉得受到冷落一般。这样看来，内向者要想给客户留下良好的第一印象，似乎比外向者要困难一些。

不过，内向的朋友们也不要泄气，因为你所具备的某些特殊的优势说不定同样会帮助你在客户那里来个"开门红"呢！

那么，内向的人该从哪几个方面努力，让自己给客户留下美好的第一印象呢？

**1.穿着得体，注意仪表**

当我们第一次出现在客户的面前时，尚未开口，我们的衣着打扮、表情姿态、年龄、性别等一览无余的外表特征便先入为主了。从某种程度上说，得体的衣着打扮对销售人员的作用就相当于一个赏心悦目的标签对于商品的作用。

因此，你一定不要邋里邋遢，而应打扮得体，做到仪表美。所谓得体的衣着打扮，并不是要求销售人员穿着华丽。要知道，华丽的服饰不一定能够得到客户的认同，也不一定适合自己。真正的得体是简洁、明快、搭配和谐、符合本行业特点的。

**2.举止大方，态度沉稳**

如果说得体的衣着打扮体现了销售人员的外在美，那么大方的举止和沉稳的态度体现出来的应该就是其内在素质了。一个销售员的内在素质实际上就相当于商品的质地和档次。

恐怕没有哪个客户希望自己购买品质和档次低的产品，所以，内向性格的销售员要努力做到举止大方、态度沉稳，千万别扭扭捏捏、畏畏缩缩。要知道，你的一举一动都会在客户心目中形成一个印象，这种印象最终会影响客户对你所销售的产品和本人的整体形象有一个明确的认知。

**3.保持自信，不卑不亢**

现实中，很多性格内向的销售人员，尤其是销售新人在直接面对客户、与其进行交流的时候会表现出坐立不安、手足无措、语无伦次的现象。

为什么会出现这种情况呢？其实很大程度上就是其自卑心理在作怪。

在这种心理暗示下，他们会这样想：如果自己不顺着客户的意思去讲话，不对客户频频点头哈腰，对方就不会买自己的产品。

实际上，这是对销售工作的误解。从本质上讲，销售和其他职业没什么两样，只不过工作内容有所不同而已。你又不是强行让客户买产品或服务，而是帮客户解决问题，提供帮助；你就是专家、是顾问，客户需要你的帮助。如此想来，还有必要在客户面前低三下四吗？

通过上面这些方法的叙述，相信对于把握好"给客户留下美好的第一印象"，内向性格的你已经有了比较全面而深刻的了解。在以后的销售过程中，你可以尽可能地运用这些关键要素，给客户留下好的第一印象，赢得客户的好感。

## 借助优势，应酬有诀窍

自古至今，中国人的"吃"文化一直经久不衰。"吃"，自然也包括应酬，常听人们说，解决问题的地点往往不是谈判桌，也不是办公室，而是餐桌。这也道出了应酬在人际交往、生意谈判过程中的重要性和必要性，尤其对于需要不断接触客户的销售员来说，就更离不开应酬了。而应酬并不是简简单单的吃饭喝酒，而是在此过程中把该解决的实质问题解决了，才是"吃"的最终目的。

一般情况下，我们会觉得外向者天生就能和客户谈笑风生，而内向者不善言谈、害羞腼腆等，就容易上不了场，甚至遇到酒桌就恨不得溜之大吉。

这么说，难道内向者就只能在谈判桌前、在办公室里谈生意吗？其实并非如此。尽管内向者看似不适合这种推杯换盏、觥筹交错的局面，但他们却可以借助自己特有的优势游刃其间，既能把客户照顾好，又能让自己顺利签单，关键就看怎么做了。

**1.聊开放式话题，不要与旁人私语**

内向性格的人在酒桌上可能容易只对身边的一两个人"感兴趣"，而忽略了在场的大多数人，这样做会让人们产生"就你俩好"的心理，影响交流的效果。所以，还是尽量谈一些大部分人都能够参与进来的话题，这样就不会让人有种神秘感，和你的心理距离也就不会因此而拉开了。

**2.内向者可发挥自己诙谐幽默的本领**

前面我们曾专门讨论过内向者幽默的特质，这一点在酒桌上更应该充分发挥出来，因为凭借三寸之舌说得口绽莲花，除了能让客户觉得这个人能侃之外，并没有太多其他的感受，而幽默风趣却可以让客户感受到你的才华、修养和交际风度等。因此，内向性格的朋友可以发挥自己善于思考、富有想象力的特质，时不时地幽默一把，给客户留下好的印象。

**3.适度劝酒，不要强求客户**

有些内向者总觉得多让客户喝酒才会显示出自己的诚意，但他们可能忽略了，并不是所有客户都对酒情有独钟，也不是所有的客户都能喝很多酒。所以，没必要"以酒论英雄"，用多劝客户喝酒来显示你的实在劲儿。所以，在喝酒这个问题上，应该根据客户自身的情况来把握，能喝的适当多敬对方点，不能喝的也别强求，这样才会让客户感受到你的尊重，同时也会尊重你。

**4.拒酒有术，让自己免于挨"灌"**

应酬中，销售员和客户之间你来我往的敬酒、喝酒，最理想的状态当然是喝好而不喝倒，让彼此乘兴而来，尽兴而归。如果遇到那种"真诚"的客户，非要灌你酒，而你又因为不胜酒力等原因想拒绝，就需要掌握点儿技巧了。

比如，当喝至一半量的时候，你可以对劝酒的客户说："今天十分感谢您对我的一片盛情，按照以往，我也就喝三四两的酒量，但今天喝得格外痛快，多贪了几杯，要是再喝可能就'找不着北'了，还望您多多体谅，以后有机会我们多坐坐，再补回来。"或者说："我最近身体不适，医生说尽量不要喝酒。您的厚意我领了，来日方长，日后我一定与您一醉方休！"像这样申明自己不喝酒的原因之后，客户自然会善解人意，见好就收。

说到底，应酬对于销售人员来讲必不可少，而想要让客户把饭"吃"好，就需要动一番脑筋、掌握一些要领了。内向者不必以为酒桌只是外向人发挥才能的地盘，其实自己也完全可以轻松驾驭，把客户吸引过来。

# 第七章 技能二
## 演讲：台上三分钟，台下十年功

### 做一个有备而来的演讲者

如果说一个人从不知道什么是紧张和恐惧，这种可能性非常小。换言之，大多数人在某些特定的情况下都会产生紧张、恐惧等情绪。关于这一点，内向者尤甚。但对大多数人来说，消除这种情绪有一个很好的办法，那就是提前做好准备。

卡耐基在自己的书中一再强调："一个有备而来的演说者才能获得自信和成功。这就像一个人上战场一样，带着有故障的武器并且身无弹药，你拿什么去战胜敌人呢？"无独有偶，美国总统林肯也曾说过："我相信，我若是没有准备好，就是经验再多、年龄再大，我也难以让自己的谈话取得成功。"

看得出，要想在人际交往中表达得顺畅、精彩，就必须做好充足的准备，否则，未经准备就出现在听众面前，和没穿衣服没什么差别。

在一次由美国各界成功人士参加的午餐会上，主持人邀请一位地位显赫的政府官员为大家作一次即兴演说。因为这位官员是一位身份非常尊贵的人，所以在他开始演讲前，大家都屏住呼吸，洗耳恭听。

然而，出乎大家预料的是，这位官员的演说非常糟糕，大家很快就对他的讲话失去了兴趣。

见此情景，这位官员干脆从口袋里掏出一打稿子来，但这些草稿显然有些杂乱无章。此时，官员的手开始哆嗦，讲起话来也结结巴巴的。

几分钟过后，他的讲话终于结束，只见这位官员灰溜溜地从台上下来，手心和脑门上全都是冷汗。

事后，这位官员说，平常自己在众人面前讲话都很有信心，这次本想来一次即兴的演说，却没想到刚讲了几句话就没词了，在台上直冒冷汗。

虽说在众人面前来一番有感召力的演说不算什么新鲜事，但这并非是每个人都能够做得到的。一般情况下，面对台下的一双双眼睛，绝大多数人都会心生恐惧，像热锅上的蚂蚁一样急得团团转，而造成这一切的罪魁祸首就是事前没有做任何准备。

人们都说，成功是给那些有备而来的人准备的。其实，在众人面前的讲话或演讲也一样，有备而来也是克服慌张的一个必要条件。其实不管做什么事，如果早有准备、胸有成竹，相对来说就不会感到那么紧张和恐惧了。

**1.思考讲话的目的**

在每次讲话之前，你都要明白：你讲话的目的是通告信息还是取悦或者说服听众，抑或唤起听众的行动？每一次在众人面前的谈话都要有自己的主题和存在的理由。

**2.分析听众**

一个长舌妇会向你谈论其他人的是非；一个讨厌鬼会喋喋不休地谈论自己；一个健谈的、才华横溢的人则会和你一起谈论你。记住，面向你的听众讲话，了解他们的兴趣、态度、目标和恐惧。谈论他们知道的和关心的话题，如此，你就已经向令人印象深刻迈进了一大步。

### 3.收集足够多的材料

用一个句子精确地概括你的讲话目标，这将是你的重点所在，这还包括如何撰写标题。在组织讲稿里的其余部分时，你还需要不断重温这一纲领性的句子，以确保不会偏离总体目标。

### 4.制定提纲

你会不会不打地基就开始建一座大厦？当然不会，所以，拟定谈话的提纲尤为重要。提纲中，你应把观点精简至2个或3个主要的句子或关键性的段落，并按照主次顺序排列先后。

当然，这里所说的有备而来并不是要你对要说的话进行彻底的精心的准备，也并不是让你逐字逐句地将这些话全部背下来。很多人因为不了解，以为只要一心一意地死记硬背就会表达得很流畅、很成功，可他们却忽略了一点，如果这种"嗜好"一旦形成习惯，那么不但会浪费很多时间和精力，而且最终的效果也未必理想。

真正有效的准备是上面提到的这几点要素，只要能够加以运用，既不会让你浪费太多的时间和精力，又能够获得良好的讲话效果。所以，赶快来试试吧。

## 轻松地讲出准备的内容

几年前，在一个家喻户晓的小品中有这么一句话广为流传："大家好，我叫不紧张。"虽说这只是一句小品的台词，但它却反映出很多人在众人面前演讲时的心态。

特别是对于性格内向的人而言，他们本身就有害羞、沉默等特征，一旦在大庭广众之下进行演讲，其困难程度就可想而知了。

曾有一家咨询机构做过这样的调查，其中一个问题就是："你最害怕的是什么？"调查结果显示："死亡"居然屈居第二，名列榜首的竟是"当众演讲"！80%的人表示："站在演讲台上，看见台下无数双眼睛盯着我，我的心跳就会加快，脑门和手心直冒冷汗，声音也会颤抖，还忘词，太丢人了。所以，我宁可死也不当众演讲。"

由此不难看出，演讲的确是让人不得不紧张、不得不冒汗的事。或许对于性格外向者来说会好一些，但性格内向者是较难放松下来的。

也许你会问：这样看来，内向者对于演讲这件"天大"的事岂不是彻底没办法了吗？其实不然，你只要找到应对的策略，就可以缓解演讲时的紧张情绪。演讲者为什么会紧张？其实是由强烈的畏惧心理引起的，这会让演讲者的呼吸系统、血液循环系统和部分内脏器官出现不良反应，从而使其满脸通红、汗如雨下、双手发凉、两腿打战、说话结巴，严重者还会狼狈地逃离演讲现场，从此不敢当众说话。

类似的情况我们都不想遭遇，尤其对于很要面子的内向者来讲实在是不敢想象的事。既然不想让自己在演讲时出现过度紧张的情绪、影响演讲的效果，你该怎么做呢？

**1.正确认识紧张，告诉自己紧张的状态是正常的**

其实，不管是内向者还是外向者，每个人在演讲时都会有紧张的情绪。美国著名精神治疗专家史蒂芬博士说过："紧张就和饥饿、口渴一样，都是人生活的一部分。"另外有调查显示，在演讲前，95%的人都会心情忐忑、紧张不安："我准备得是否充分？我的衣服穿得合适吗？听众会喜欢我的演讲内容吗？我会不会卡壳？会不会忘词？"

你应该认识到，演讲时感到紧张是一种正常现象，很少有人能够完全松弛、自信满满地走上演讲台。即使是古今中外很多著名的演讲家，如林肯、丘吉尔、田中角荣等，他们也会在演讲中感到紧张。

既然紧张的状态是必然的，那么你就没必要非让自己"不紧张"。只有充分认识紧张，把它看作演讲中的正常现象，才会利于你放松心情、轻松面对。

**2.多做一些准备，"有备"就会少一些紧张**

内向者做事追求完美，在有可能的情况下，他们通常会做最充分的准备。这一点算得上是内向者在演讲中的优势所在。那么具体说来，演讲者要做哪些准备工作呢？

首先，要备好演讲稿。你要尽量提高演讲稿的质量，将演讲稿背熟一些。如果一个演讲者对自己的演讲内容不熟悉，紧张感就会加倍。

其次，要精心地设计一下演讲时的手势和姿态，这样会让演讲更灵活一些。如果可以的话，你可以找两三个要好的朋友充当听众，自己给他们试讲一下，让他们多提意见，以便及时修改。

最后，要早一点儿到演讲会场，提早熟悉一下会场的环境、音响效果等，向有关负责人了解一下听众的大体情况，如听众人数、年龄、性别、职位等。如果现场有听众，你还可以"自来熟"一点儿，与他们闲聊一下。如此一来，你就会有这样的感受：演讲只不过是一次扩大了的闲聊，听众只不过是听自己说话的对象而已。这样，在演讲开始后，你就会轻松很多了。

**3.运用放松调节法，让自己的心情平静下来**

有时候，你虽然已经做好了充分的准备，如熟悉演讲稿、演讲场地、听众后，可还是感觉非常紧张，这个时候可以运用放松调节法，让自己的心情平静下来。

一般来说，放松调节法分为以下几种：

（1）冥想调节法。你可以用几分钟的时间回忆一下令自己开心的往事，也可以想象一下自己演讲取得成功后的欢乐场景。这样一来，紧张感就会减少很多，身心也会慢慢地松弛下来。

（2）呼吸调节法。你可以通过深呼吸来调节紧张的心理，也就是"深吸气—呼气—深吸气—呼气"，这样进行3～5次，就可以增强脑内的含氧量，让你的内心趋于平和。

（3）表情调节法。你可以用手轻轻搓一搓面部，使脸上紧绷的肌肉逐渐放松。同时，还可以尽量张大嘴巴，让舌头顺时针转5～8次，然后再逆时针转动同样的次数。

（4）肌力调节法。这种调节法就是有意识地让身体某一部分的肌肉有规律地紧张和放松。比如，可以握紧拳头，然后松开；也可以做压腿运动，不断地压紧和放松腿部肌肉。肌力调节法的目的就是让身体某一部分的肌肉先压缩一会儿,然后再将其放松。这样一压一缩,可以让人的紧张情绪得到调节。

**4.对自己说点儿"暗语"**

对自己说点儿"暗语",就是自我鼓励一下,给自己一点儿心理暗示,从而舒缓紧张情绪。比如,演讲前,你可以这样"自言自语":"今天,台下的听众都是平时很熟的同事,就当我在给大家讲故事,没什么可紧张的。""我的稿子经过张经理的指点,我还对着镜子练过好几次,所以我很有信心。"通过这样的"暗语",演讲者的信心就会增强很多,从而轻松地进行演讲。

在现实生活和工作中,我们免不了要在众人面前发言、演讲,如果总是因为紧张而在关键时刻卡壳、讲不出话来,那么,演讲前的很多准备、努力就会化为乌有。其实,之所以在演讲时紧张,总的来说还是因为一个"怕"字。仔细研究这个"怕"字,你就会发现,"怕"是由"心"和"白"组成的,意思就是白担心。所以,你不用平白无故地担心那么多事情,只要轻松地讲出自己精心准备的内容,掌声、鲜花自然就会出现了。

## 上台前先克服一下紧张情绪

一个在台下能够谈笑风生的人，当面对众多观众的时候，其表述很可能就没那么自然、流畅了，这些人多以外向者为主。还有绝大多数内向性格的人在台下说话时就已经吞吞吐吐了，到了台上就更是紧张得不行。

我们可以回想一下，学生时代的我们是否有过这样的经历：有的同学在私下里伶牙俐齿，可等到开班会时被叫到讲台上发言，就会立刻变得面红耳赤、不知道该讲什么？而那些平时就不爱言语的同学当面对众人说话的时候就更容易磕磕巴巴。这样的经历多数人都有过，而且还会随着年龄的增长而继续延续着。

当步入成年，很多时候我们都要面临在众人面前讲话、演讲的场景，这也是对我们心理素质的第二次考验。很多演讲者都会有紧张的情绪，有的人一张口就成了结巴，有的人登上台一分钟后还不知道要从哪里说起，还有的人在演讲前一天晚上竟然紧张得难以入眠。

那么，人为什么会紧张呢？总结起来大概有以下几点原因：首先是因为我们对演讲的内容不熟悉，等到开始演讲的时候才临阵磨刀。鲁迅曾说过："人们往往在要演讲的时候才想起没时间准备，而在有时间准备的时候却没有去演讲"；其次是对演讲的氛围不适应；再者就是不够自信。不自信很可能来自于初次演讲或过去某次演讲失败的经历，当然，自卑感也会造成一定的紧张情绪；最后就是太爱面子。这几点原因具有普遍意义，但对于内向者来说就体现得更为强烈。

难道就没有办法来帮我们克服紧张吗？答案当然是肯定的。内向性格的人可以从以下几个方面做一些努力，付诸实践后，你会发现自己不那么容易紧张了，而且演讲水平也越来越高了。

**1.塑造优越感，让自己"居高临下"**

内向者身上很重要的一个特征就是谦卑，这着实是一种优良的品质，但对于演讲而言，还是让自己"骄傲"一点儿比较好。这里所说的骄傲并不是让你不可一世，而是让自己有一种"居高临下"的优越感，就像老师在面对学生时、父母在面对孩子时、领导面对下属时，大都可以侃侃而谈，其实这就是因为他们站的角度高，不自觉地把自己放在了主导的位置上。

因此，对于内向者来说，要想克服紧张的情绪，就要逐步养成这种"居高临下"的心态。正如卡耐基所说："你要假设听众都欠你的钱，正要求你宽限几天，这样一来，你就是一个神气的债主，根本不用怕他们！"

**2.适时地自我解嘲，告诉自己出丑不算什么**

第一章的内容中曾提到"害羞"是内向者身上明显的特质，也就是说，内向者往往害怕出丑，所以不敢抛头露面。而演讲是必须要面对观众的，而且不是一个或两个，这就要求你一定要克服害怕出丑的心态。

要实现这一点，你不妨在演讲之初率先在观众面前开自己的玩笑、自我解嘲一下。培养自己的"无我"心态对克服紧张大有裨益，只有不把自己当回事儿，你才能发挥得更好，到时候，收获观众如雷的掌声也就不是什么难事了。

### 3.降低自己的期望值

在内向者的身上还有个非常明显的特质,就是追求完美、不允许出差错。在演讲中,内向性格的人也会对自己有这样的高要求。殊不知,这样虽说有利于严格要求自己,让自己少出错甚至不出错,但事实上起到的作用是相反的,因为带着这种高期望值,人会不自觉地产生精神上的压力,一旦压力过大,那么演讲时就会出现过度紧张、逻辑混乱等情况,演讲的效果也就大打折扣了。

一所高校要举办一场以班级为单位的辩论赛,其中一个班级的4名参赛者的实力略强,因此大家都给予了他们很高的期待,而参赛者的心理压力也由此变得很大。有一名学生还不时地询问老师评判的标准到底有哪些、询问自己是否能成为最佳辩手。而另一个班级的4名学生因为本来就不被期待,所以根本没有过多地考虑结果,而是保持良好的心态轻装上阵。

最终的结果如何呢?原来,由于被赋予很高期望的参赛者过于看重比赛的结果,紧张程度也随之增加,在赛事中出现各自为战、积极表现自我的情况,甚至有的同学因为紧张而出现思维断层,使辩论不得不中断。而本来不被期待的另外4名参赛者因为淡化结果、彼此积极配合而最终取胜,成为最佳辩手。

事实上,我们并不是每天都能有机会进行演讲,因此,大多数人都会觉得机会不容错过,于是很重视这次演讲,希望把事情做得完美一些。于是,人们在不由自主中就会陷入过分看重演讲效果的心理中。由于期望值过高,结果反而与期望值相反。因此,你不如降低自己的期望值,保持一颗平常心。

当你按照上述几个方法进行操作后,你在众人面前演讲的紧张情绪就会得到很大程度的缓解,演讲的效果也会好很多。所以,赶快尝试一下吧。

## 用精神胜利法赶走演讲恐惧

中学课本里有一篇文章叫《阿Q正传》，其中为我们讲述了一个缺乏自信的弱者自我安慰的行为方式——精神胜利法，后来人们干脆形象地称为"阿Q精神"。

我们知道，多数性格内向者多多少少都会有点儿自卑心理，受其影响，当面临需要走上台去向众人演讲的时候，他们就会产生莫名的恐惧，最终自然是讲不好，使观众也听不好。其实，要想克服这个弱点，适当地采取点儿精神胜利法是很有必要的。

露丝亚是个患有先天脑瘫的女孩。当周围和她同龄的孩子都长成翩翩少女的时候，露丝亚却长得其貌不扬，而且没有肢体平衡能力，同时还缺乏发声能力，基本不会说话。不仅如此，由于长期受疾病困扰，露丝亚的行为举止也常常不受自己的控制：她有时会挥舞着双手，有时会高扬着头，脖子伸得很长……

每当邻居们看到露丝亚的时候都会发出"她真可怜""她一定很自卑"等同情的话，但是让所有人都想不到的是，在这种情况下，露丝亚依然保持着一颗自信的心，她时常自我暗示："我一点儿都不比别人差，我是最优秀的。"在这种精神胜利法的影响下，露丝亚怀着坚强不屈的信念努力学习，后来终于获得了加州大学艺术系的博士学位。

一次，露丝亚应邀去一所小学做演讲，学生们看到露丝亚是这样一副模样，觉得十分意外。有一位学生小声地问露丝亚："请问露丝亚博士，你从小就长成这个样子，你是怎么看自己的？你有没有抱怨过上帝的不公平？"

露丝亚温和地一笑，然后拿起粉笔在黑板上轻快地写下了这样几个字：我怎么看自己？

接着，她又在黑板上龙飞凤舞地写下了以下内容：

1."我非常可爱。"
2."我的家人很爱我。"
3."我的腿长得很漂亮。"
4."我会写稿子，还会画画。"
5."我有一只可爱的狗狗。"
6."上帝也很爱我。"

……

此时此刻，台下陷入了一片寂静之中，空气仿佛凝固了一般，没有人再讲话。露丝亚坚定地看着大家，最后在黑板上写下了她的结论："我很优秀，我是最棒的！"

当她落笔的一刹那，礼堂里掌声四起，学生们都流出了感动的泪花，露丝亚倾斜着身体站在讲台上，脸上露出了满足的微笑，似乎在炫耀着自己永远不会被击败的自信。

看完这个故事，你是否也被露丝亚的精神感动得落泪？不得不说，她的确是个坚强、乐观、自信的姑娘。其实，不论是作为一个演讲者还是一个人，露丝亚的精神胜利法让她真的成为别人眼中最棒的那一个。"我能行！我是最棒的！"当你说出这句话之时，相信你已经克服了演讲的恐惧。拥有这种精神的人，对于在众人面前演讲还有什么恐惧的呢？

其实，精神胜利法在很大程度上并非如我们想象的那样是一种自欺欺人的想法。实际上，从现代心理学角度来看，精神胜利法是一种积极的自我鼓励、自我暗示。在这种鼓励与暗示下，我们会产生学习、工作或处世上的动机，也会取得良好的成绩。

因此，当你走上台去演讲的时候，就要告诉自己，该做的都做了，想再多也起不到积极的作用，只会让你更紧张、更焦虑。与其如此，还不如怀着自信，轻松上阵。

**1.告诉自己：我是自然界中最伟大的奇迹**

伟大的科学家爱因斯坦说过："如果可以问上帝一个问题的话，一定要问：'我为何而来'，'我'是非常重要的！"可以说，一个人对自我认识的程度和对自我形象的评价将决定其人生的高度。当你抱有信心，认为自己就是自然界中最伟大的奇迹的时候，即使台下坐着美国总统，你也会泰然自若、应付自如了。

**2.请对自己说：我的演讲一定会很轰动，观众都喜欢我**

内向者虽然较为缺乏自信，但我们却不能怀疑他们内心坚定的信念。他们也知道，作为一名演讲者，如果没有获取成功的信念、找不到演讲成功的感觉，那么必定不会有成功的演出。所以，内向者们要享受每一次向公众表达的过程，要相信自己的语言魅力，相信所有的演讲都是可以轻松、惬意的，相信每一次演讲都能给观众带来意义。

说到底，精神胜利法就是一种积极的心理暗示。心理学上有一个著名的实验：专家在接受实验者的皮肤上贴一片湿纸，并告诉他这是一种特殊功能的纸，它能使皮肤局部发热。专家要求被贴的人用心感受那块皮肤温度的变化。几十分钟过后将纸取下，这时被贴的皮肤果然发红，并且摸上去感到发热。其实,那只是一张普通的湿纸,是心理暗示使皮肤局部的温度发生了变化。

通过这个实验,我们可以发现心理暗示的强大力量。对于骨子里自卑心理较重的内向者来说,更有必要在演讲中让心理暗示的积极力量发挥出来。如果这样做了,那么一定能有助于你演讲的顺利进行。

所以,那些一提到演讲就浑身哆嗦的内向者们,请每天用积极的心理暗示法去改造自己,只有远离那些消极、悲观的情绪,你才能克服恐惧,成为一个演讲高手。正如英国作家萨克雷所说:"生活是一面镜子,你对它笑,它就对你笑,你对它哭,它就对你哭。"既然如此,你何不告诉自己:"今天我是最棒的,我是最优秀的!"带着这样的心理走上台去,你的演讲就已经成功了一半。

## 口吃也要讲下去

对多数内向者而言,演讲过程中说什么、怎么说或许并不是最重要的,最重要的是能否连贯地把话说下去。因为对听众们来讲,演讲者的话都是一遍而过,不像落在纸上的稿子可以翻来覆去地进行推敲,所以大部分演讲词都会像"风一般流逝"。

这时候,如果出现卡壳的情况,演讲者就会非常尴尬,而台下的听众们也会在心里给他打一个较低的分数。也有的演讲者由于生理原因,比如口吃等问题,会对演讲的效果产生不利影响,这部分人也就会对演讲产生更多的恐惧心理。

其实,不管何种原因,只要你有勇气坚持把话说完,就能够受到听众们的欢迎和理解。因此,内向性格的人在演讲的时候一定不要让话"被截留",哪怕不连贯,哪怕发现了一些小的错误,也不要停顿太久,而应该继续说下去。

芳芳是一位成绩优异的中学生,"六一"儿童节期间,她曾经就读的小学的老师邀请芳芳去为在校的师弟师妹们做一次演讲。

接到这个任务之后,芳芳犯了难,因为她虽然成绩很好,也总结出了很多好的学习方法,但她不善于在众人面前说话,更别提演讲了。

可是,碍于老师及学校的盛情邀请,再加上爸爸妈妈的鼓励,芳芳也就没好意思推辞。

答应下来之后,芳芳就利用课余时间为这场演讲做准备。周末的时候,芳芳还让妈妈当观众"考察"一下自己,结果不尽如人意,平时作文写得很好的她却连演讲中的话都说不连贯,练了几遍都是讲到半截就断了。

芳芳开始犯愁了,一个人着急地偷偷掉眼泪。她不明白,自己明明背熟了演讲稿,为什么面对妈妈这位观众的时候还是紧张得不行呢?见女儿这样,芳芳的妈妈觉察到了问题的严重性,她很后悔自己这么多年一直只关注女儿的成绩,而忽略了她的表达能力。

于是,妈妈开始上网找相关的专家咨询。经过一位心理专家兼演讲教师的帮助,芳芳的妈妈知道了该怎样帮助女儿。

随后,她不断地鼓励芳芳,在练习的过程中,她告诉芳芳即使忘词了也要继续讲下去，而不要停下来。经过一番艰苦的训练，芳芳终于克服了忘词的问题，紧张的情绪也一下子舒缓了不少。

待到去母校演讲的时候，芳芳的演讲效果很不错，深受老师和师弟师妹们的称赞。

故事中的芳芳在专家的指导下摆脱了演讲过程中中途卡壳的尴尬局面，从而顺利、圆满地完成了一次演讲。

其实，不仅芳芳如此，生活中很多成年人也会因为心理或生理的原因无法做到在众人面前流畅地发言。但这并不要紧，只要你能持有信心，坚持把话说下去，那么照样会收到不错的效果。

不得不承认，大多数内向者都会碰到这样或那样的演讲障碍，不过，大可不必把问题看得过于严重，特别是一些客观因素造成的不利条件即使对演讲造成了某些干扰，听众也是可以理解的，演讲者只要放下思想包袱，全身心地投入到实际演讲中去，就可以一直讲下去。

**1.辩证看待演讲中的不利因素**

有些自信心弱的演讲者在一次演讲中遇到失败就一蹶不振，形成自卑和压抑心理，这对演讲是很不利的。其实，对演讲中的有利和不利条件应该辩证地看待，并作具体的分析。

**2.多看自己具备的优势，不要太在意自己的劣势**

苛求完美是内向者的一大特征，因此对于演讲，他们会从长相、穿着等各个方面严格地要求自己。比如，有的演讲者因为自己容貌不佳、服饰不高档、年龄太小而惴惴不安；有的演讲者认为自己的职业"不高尚"，无法带给人们更多知识而自惭形秽；有的演讲者认为自己才疏学浅，演讲的内容过于平淡而难以成功；有的演讲者认为自己没有感染力、欣赏水平又不高而感到忧虑、恐惧。面对这些演讲障碍，你需要正确看待，然后再加以改进，这样就能将不利因素变为有利因素。

其实，几乎所有心理学大师和演讲家的经历都告诉我们这样一个道理：只要有信心、胆量、勇气，无论是谁都可以走向演讲的舞台。如果在演讲中由于某种原因突然出现断句或者口吃的情况，那么最好的办法就是继续讲下去，不要中途放弃。

## 讲一段与众不同的开场白

在一些农村地区，春节期间有放"开门炮"的习俗，也就是早上起床后先在门口放鞭炮，寓意为新的一年开个好彩头。

其实，演讲中的开场白也有类似的作用，头开好了，就能抓住听众的耳朵，激起听众继续听的欲望。如果说演讲是一桌好菜，那么开场白就是餐前那碗开胃的酸梅汤。一个演讲者，不管他准备了多么精彩的演讲内容，如果开场白讲得平庸无趣，听众的热情就会降低一半，即使再用30分钟的时间也无法激发听众的兴趣，因为人们的兴奋点一般不会持续很久。

多数内向者虽然不善于轰轰烈烈、慷慨激昂地演说，但却不乏机智幽默、才思敏捷，因此，说一段独特的、能吸引听众注意力的开场白也就不是太难的事了。

很多年前，一位颇负盛名的建筑学家在某著名的城市曾做过一场演讲。性格内向的他没有像其他人那样先来一番自我介绍，而是一上台就说了这样一句话："这是我所见过的最为丑陋的城市。"

这句话让当时在场的所有当地市民疑窦丛生。他们从头到尾都仔仔细细地听这位建筑学家道出个中原因，看看自己生活的城市到底"丑陋"在什么地方。

当时有这样一个背景，有一项社会调查显示，该城市是全美国最有吸引力的城市之一，该市的市民一直以此为荣。而这位建筑学家深知，如果循规蹈矩地像其他人一样开场："女士们、先生们，下午好，今天我很高兴站在这个全美最有吸引力的城市的讲台上演讲。"或者仅仅为了活跃气氛而以一个不相干的玩笑开场，都会让听众兴趣索然。他的这种别出心裁的开场白虽然险些让他成为所有听众的敌人，但他确实成功地激发了听众的兴趣。在随后的演讲中，他频出妙语，令现场掌声不断。

循规蹈矩固然没什么不好，但是一个好的、别具一格的开场白才会更有吸引力。演讲就是讲给听众听的，如果听众不感兴趣，演讲者必然也兴味索然；相反，如果能从一开始就吸引听众的注意力，调动听众听下去的积极性，那么演讲者必然信心倍增，为之后演讲的成功做一个绝好的铺垫。

换句话说，内向的人要想让自己的演讲与众不同，就要发挥自己的聪明才智，说一段别开生面的开场白。正如某著名服装品牌的那句广告语："不走寻常路。"在设计开场白时，我们也要"不说寻常话"。那么，怎么才能让开场白"不寻常"呢？你可以借鉴以下几种方法：

### 1.引经据典，搬出名人的话

那些名垂青史、举世闻名的先哲圣人已经被各个时代的人们认可，他们的言论也被众人认同，很有权威性。内向性格的人大可不必自己去琢磨遣词造句，想些什么华丽辞藻，只需找一句适合演讲内容的名人之语即可"警醒"观众的耳朵。

### 2.卖个关子，设置一点儿悬念

如果演讲的时候，所有人的开头都是"尊敬的领导、亲爱的同事们，大家上午好，我是……"这种自报家门的方式会让听众产生"唉，又是老一套"的想法，那么，如果你说一个"超凡脱俗"的开场白，则必然让听众觉得耳目一新，将目光全部锁定在你身上。要做到这一点，内向者可以设置一点儿悬念，适当地卖个关子，比如，为什么美剧那么受欢迎？为什么这一季的服装狂刮中国风……

### 3.用数字说话

内向的人大多不会虚张声势，而是注重实打实的数据。在演讲的开场白中，你同样可以利用这一点，因为很多时候，听众会对数字很敏感，用数字说话就更容易吸引他们的注意力。

南达科他州北部州立大学的希瑟·拉森曾进行过一次关于乳腺癌的演讲，她的开场白就是由众多数字组成，成功地激发了听众的兴趣。

她是这样开场的："每11分钟就有一个美国人死于乳腺癌，这个数字是死于谋杀犯罪案人数的2倍。今年有4.6万人死于这种病，而8年越南战争的死亡人数也不过是这个数字。在近10年的时间里，美国人死于这种病的人数是死于艾滋病13.3万人数的3倍。这种病将使你我和其他美国人在今年的医疗费用上花费掉超过了60亿美元，并失去劳动能力，更不用说我们所遭受到的生命损失了。我所说的患乳腺癌这种疾病的浪潮可能会直接袭击我们在座的每一个人。"

这样的开场白可以说先声夺人，又怎么会不吸引听众继续听下去呢？

俗话说得好:"好的开端是成功的一半。"内向者若是能说一个新颖、独特的开场白,必然会吊足听众的胃口,迅速地让听众将焦点聚集在演讲者身上,以看清演讲者葫芦里到底卖的是什么药,这对演讲者来说无异于为自己的演讲赢得一个"开门红",同时也为整场演讲的成功埋下了伏笔。

## 第八章 | 技能三
## 拒绝：明于说"是"，智于说"不"

### 说"不"是一门艺术

内向性格的人大多崇尚"面子"的说法，这里不光指要保全自己的面子，同时也要顾及他人的面子。可是，当他人提出一些不合理的要求时，内向者是否有足够的勇气去拒绝对方呢？

诚然，直截了当地拒绝别人会觉得太伤颜面；不拒绝，又委屈了自己。所以，如何巧妙地拒绝别人、如何巧妙地说"不"便成了一门艺术。

然而，有些内向性格的人往往由于天性中的善良，当面对别人的请求或者命令时，即使自己不情愿去做，也不好意思拒绝别人。所以，有些时候，他们为了息事宁人，宁愿自己强忍着，当个"烂好人"。

此外，还有一部分内向的人抱着观音菩萨般的心肠，从来不拒绝别人，他们觉得说"不"是伤感情的行为，会让其产生罪恶感。比如，自己在陪同事逛街时已经非常累了，但当同事提出再去某个地方顺便买点儿东西时，他们还是会陪同事坚持到最后；在一天辛苦的工作后，即使感觉非常疲惫，可对爱人希望被按摩的要求，他们还是会欣然答应……

像这样的人，往往在同事们中间是好伙伴，在生活上也是体贴的好伴侣。可是，他们或许不清楚，自己不会拒绝、不会说"不"，有时会使他们因为对自己有欠尊重，以致得不到别人的尊重。不敢说"不"的人，他们的目标是被别人欣赏和喜爱，但代价却是牺牲自我。

周五下午，当一周的工作完成后，同事们都在筹划着周末两天的安排，内向的琳达却为自己安排了满满的"任务"：第一项，女儿的芭蕾课要考试，周六陪她去舞蹈学院排练一上午；第二项，周六下午陪婆婆去和房客签约；第三项，周日上午要陪小姑子挑选婚纱；第四项……当看到别的同事都在讨论去哪里玩或者去哪家餐厅吃饭时，琳达只能唉声叹气。成天为别人的事忙碌，很累、很烦也很不情愿，她恨不得有孙悟空的本领，来个分身术。

此时，和琳达关系不错的同事杰茜却对她说："谁让你逞强的，总是应下一大堆事儿？"

琳达回道："我也没办法呀，别人都开口了，我怎么好意思拒绝人家？"

杰茜太了解琳达了，她正是那种有求必应的热心人，只要别人开了口，她总碍于面子，怕惹别人不高兴，心里再不情愿也要硬撑着答应下来。"不"字从她嘴里蹦出来似乎比登天还难，到头来，往往搞得自己心力交瘁、疲惫不堪……

不光生活上是这样，在工作中，琳达也常常如此，她总是担心自己不承担所有交代下来的工作就会惹上司不高兴，于是有求必应，从来不去考虑自己的承受能力，结果有时把分内的工作都给耽误了。

故事中的琳达显然是个好人，但她却算不上聪明的好人。虽然我们从小就被灌输助人为乐的处世原则，但我们在给别人提供帮助的时候也不要太盲目，把帮助别人当成一种义务或责任，而应根据自己的承受限度来定，量力而行。如果遇到明知不可为的事情，还硬着头皮去"为"的话，只能让自己承受痛苦。所以，这个时候，我们要相信自己的判断，敢于大胆地说"不"，仅仅为了一时的面子而勉强行事是最不明智的行为。俗话说得好，死要面子活受罪，道出的就是这个道理。

如此说来，广大脸皮薄的内向者该怎样拒绝别人的要求，既能摆脱麻烦，又让对方易于接受呢？

### 1.有礼有力

关于礼和力，内向的人对于前者通常都容易做到，只是对于后者的"力"可能难以实现。但是要想免受别人的侵扰，就得既有礼，又有力地拒绝。

比如，当你在电影院看电影的时候，前面坐着的两个人却大声地讨论剧情，妨碍了你看电影，你就可以对他们说："对不起，我有点儿听不清电影在讲什么。"

再比如，当一位同乡向你借钱买东西，而你早就了解这个人是经常借钱不归还的，这时候，你可以说："我没零钱，不能借给你。"或者说："对不起，我不是总有零钱。"

总之，你要拒绝别人，得先学会自如地表达否定的、不愿意的感受，以直率、诚实和恰当的方式表达自己的感觉。

### 2.把话听完再表态

在没有完全了解别人的意思之前，先不用着急说"是"还是说"不"，而是把话听完、把意思理解透彻了，再考虑是拒绝还是接受。

### 3.直接解释拒绝的原因

当不想接受对方提出的要求时，性格内向的我们一定要简洁有力地说出拒绝的话。要知道，简单地说出"不"是很重要的，不要让它成为一个充满着借口和辩解的复杂表述，你只需让对方知道，你不想这么做只是因为你不想做，这就够了。

总而言之，面对明知不可为的事情，要相信自己的判断，要勇敢地说"不"，为了一时的面子而勉强行事是最不明智的选择。试想，你做着自己不愿意做的事，你允许他人不断地利用你，你心中的不满日积月累，倘若有一天你终于失去了耐心，把积累的怨气一并爆发，那情形和结果将是怎样的？因此，你要学会勇敢地拒绝，这样，你才能掌握生活中的主动权，你也会生活得更加轻松、自如。

## 避免"拒绝风波"

在上一节中，虽然已经讲了如何拒绝别人不合理的要求，但更多的还是阐述拒绝的重要性和必要性。所以，在本节内容中将侧重讲一下如何巧妙地把"不"说得漂亮，说得让人好接受。

相信在每个内向者的生活中都会遇到领导给自己下达任务或者同事请求自己帮忙的情况，如果对方提出的要求是自己力所能及的事情，当然应该尽最大的努力去与人方便，但是当对方提出的要求已然超出了自己的能力范围时，你又会作何反应呢？是拒绝对方，还是硬着头皮、咬着牙接下这个"烫手山芋"？

如果拒绝，可能会因为不恰当的语言表达而后患无穷；如果忍气吞声、硬着头皮接受，则很有可能导致恶性循环。这着实让我们备感头疼，尤其对于那种典型的"好好先生"型的内向者来说，开口拒绝他人更是难于上青天的事情，而这么硬扛着的结果往往是"哑巴吃黄连，有苦说不出"。

房子强是个热心肠、乐于助人的内向者，同事找他帮忙办事儿，他觉得是同事看得起自己，因此，他总是很爽快地应允下来，从来没有说过半个"不"字。

前两天，客户突然要看房子强正在进行的一个策划案，按照房子强以往的经验，加一晚上班就应该可以做出来。就在房子强准备大干一场的时候，平时与他相处得不错的同事王磊请求房子强给他的策划提点儿意见，并约房子强一起吃饭详谈。

房子强本来不太想去，但是经不住王磊的屡次请求，结果还是去了，这一折腾一直到大半夜，最后，迷迷糊糊地熬到早上，房子强才草草地把自己的策划案写完。

由于时间过于仓促，策划案制作得极为粗糙，最终未能通过，领导把房子强狠狠地批评了一顿，还说如果公司因此利益受损就要严重处罚他，房子强的心里别提有多委屈了。

在我们周围，像房子强这样的"好好先生"并不少见，因为不懂得拒绝、未能领会说"不"的艺术，最终只能落得个"打落牙齿往肚里吞"的悲惨下场。

看到这里，有些内向性格的人不禁会问："难道就没有一个折中的办法，既能让我们这些内向者轻松地拒绝对方的不合理要求，又不致伤了双方的和气吗？"

答案当然是有的,那就是学会说"不"的艺术。只要懂得了说"不"的技巧,那一直以来困扰我们的烦恼也就迎刃而解了。

### 1. 以对方的利益为理由,间接拒绝对方的请求

内向者大多心思缜密,懂得从他人的角度看问题。在拒绝别人这一点上,你同样可以以对方的利益为理由,达到间接地拒绝对方请求的目的。比如,有相熟的朋友要求你帮他在一个极短的期限内完成一件紧急的事情,面对这种情况,与其向对方大倒苦水,一而再、再而三地重复自己爱莫能助的理由,还不如换一个角度,从对方利益出发,以对方利益为理由来说服对方,让对方明白仓促行事会得不偿失。你可以对朋友说:"以我目前的能力和精力,把这件事做好恐怕不容易,如果我勉强答应了,到头来可能会给你带来损失。"

这样,朋友不但不会再勉强你,也不会怀疑你的拒绝是别有用心,反而还会觉得你在处处为他着想,继而对你感激不尽、更加信任你。

### 2. 拒绝的语气要温和委婉,且一定要坚决明确

虽然大多数内向性格的人都能温和地和别人交流,但不排除少数人会用生硬、冷淡的语气和别人对话。不用问,后一种做法不仅会让对方产生不满,而且还会让彼此的关系恶化。如果你换一种说法,温和委婉地表达拒绝的意思,那样就会比直来直去地说"不"更容易让人接受。

### 3. 拒绝之后,适时地给予关心

当你把"不"说出来之后,并不意味着万事大吉了,想要让自己的拒绝更有人情味儿,内向者还应该在拒绝后时不时地问候问候对方,了解对方的处境和事情的进展,予以适度的关怀。

这样做可以让对方明白:你并不是不想帮他,而是确实出于无奈而无能为力,如此一来,对方也会渐渐体谅你的苦衷和立场,而当初由"拒绝

风波"引起的不愉快和尴尬也会烟消云散。

除了以上需要遵循的几点外,内向者还可以通过话题转换、肢体语言暗示等方法来拒绝他人的请求。当然,在拒绝的过程中,最重要的是你要付出的耐性、关怀和真诚,掌握了这些,你便学会了说"不"的艺术。

## 有些话适合私下说

不管是生活中接触朋友、家人,还是工作中接触同事、上司、下属,由于各种各样的原因,人与人之间总会产生不一致的观点和看法。面对这种局面,有的人会在大庭广众之下拆对方的台,让对方处于尴尬的境地;有的人则会留个情面,把不同的意见在私底下和对方进行交流。

二者相比,哪一种更好,你的心里是不是很容易有答案呢?

更重要的是,对于内向者而言,当面指出他人的问题后,在把对方带入尴尬境地的同时,自己也并不觉得有多光彩,反而也会觉得脸上无光。所以,内向的人在向别人提意见的时候,还是私下说比较好,省得落个不欢而散的下场。

美国第28任总统伍德罗·威尔逊,人们都觉得他是"一扇老橡木做的门",听不进去任何意见,只要有反对声音,都会毫不例外地被他挡在门外。

但是，有一个人却是例外，他可以轻松地进入那扇"老橡树做成的门"，很少被赶出来，他就是被称为"精神教父"的豪斯上校。一天，他想给总统威尔逊提意见，就独自一人去了总统办公室。他深知威尔逊总统不会轻易地接受别人的反对意见，但他还是用尽全力，用三寸不烂之舌向总统讲述了一种新的政治方案，因为他曾认真钻研过这份方案，觉得它比总统提出的那套更具可行性。总统静静地听完他的讲述，并没有表示明确的意见，只是说："在我愿意听废话的时候，我会再次请你光临。"

一段时间过后，在一次宴会上，豪斯非常惊讶地听到威尔逊总统正在把他那天提出的整治方案作为自己的主张公之于众。

这件事让豪斯颇有感触，他明白了向总统提意见的最好方法就是："避免他人在场，悄悄地把意见'移植'到总统的心中。"开始，使总统不知不觉地感兴趣，然后使这份计划可以作为总统自己的"天才构思"而公之于众。最后，使总统坚定不移地相信是他本人想出了这个好主意。这样，他的意见就可以顺利地被总统接受。

豪斯之所以可以让自己的意见被总统接受，很重要的一个原因就是他会单独给总统提意见，而不是在众人面前拆总统的台。

民间有句俗语，花花轿子人人抬。言外之意就是告诉我们要懂得捧别人的场，只有这样，自己才会得到别人的捧场，相互之间的关系才会密切，各自前进道路上的障碍也才会少一些。

相反，如果总是把话说死，毫无回旋余地，或者做事不留情面，结果一步步把自己逼进死胡同，那么到头来势必弄个鱼死网破、两败俱伤的结果。

如此说来，我们又为何总是不愿意退一步，给他人捧一个场呢？

事实上，交际的圈子是一个"共荣圈"，在这个圈子里，所有的人看似各忙各的事情，但实际上却是紧密相连的。所以，我们不要太过直率地提出不同的意见，而应该当面说好话，私下提意见。

### 1.以称赞开始

没有人不爱听好话，所以内向的人们要抓住这一点，在向别人提意见时先以赞美开头。一个人无论有多少地方需要改正，肯定有更多的不需要改正的地方，如果内向者能够先称赞对方做得对的地方，然后再谈到其需要改正的事情，那么，你的提议看起来就不像是批评，也不会被认为是批评。

### 2.不要加入任何责备

不得不承认，有少部分内向者思想较为狭隘，不够大度，他们在向别人提意见的时候往往带有责备的语气和措辞。殊不知，讨论一个不正确的情形的唯一目的是使之正确起来，而不是责备某个人。一旦你把问题解释清楚了，就要直接讨论可能的解决办法，而不要纠缠于消极的事情上。否则，只会让人感觉你是在用责备的口气提意见，这样对方自然不容易接受。

### 3.不要给他人施加"压力"

或许你是个有身份、有学识的人或者是某一领域里的专家，但在向他人说出你的不同意见时，也不要把你的"权威"用以施加压力给别人，这会让别人与你配合时感觉压抑。正确的做法是：你只需简单地把问题解释清楚，然后请求对方在实施解决方法的过程中给予帮助，这样一来，你的学识与经验会自动放出光芒。

## 巧妙运用暗示拒绝法

日本教授多湖辉总结出了一条拒绝他人要求的经验：人们碍于面子，拒绝的话不好正面说出口，如果装作自言自语地说出心中所思所想，对方便会知趣而退。

"不"字是很难说出口的，但很多时候我们不得不去拒绝别人。许多人都苦于找不到合适的办法，其实通过暗示来说"不"是一种不错的选择。当然，这种暗示可以是语言的暗示，也可以是身体动作的暗示。

赫斯脱是美国著名的出版家，他在旧金山办第一张报纸时，著名漫画大师纳斯特为该报创作了一幅漫画，内容是呼吁公众来迫使电车公司在电车前面装上保险栏杆，防止意外伤人。然而，纳斯特的这幅漫画完全是失败之作。如果发表这幅漫画，将会有损报纸的质量，可是如果不发表，该怎么向纳斯特开口呢？终于，赫斯脱想到了一个好法子。

当天晚上，赫斯脱邀请纳斯特共进晚餐，先对这幅漫画大加赞赏，然后一边喝酒，一边唠叨不休地自言自语："唉，这里的电车已经伤了好多孩子，多可怜的孩子，这些电车、这些司机简直不像话……这些司机真像魔鬼，瞪着大眼睛，专门搜索着在街上玩的孩子，一见到孩子们就不顾一切地冲上去……"听到这里，纳斯特从座椅上弹跳起来，大声喊道："我的上帝，赫斯脱先生，这才是一幅出色的漫画！我原来寄给你的那幅漫画，请扔入纸篓。"

在这个故事中，如果赫斯脱直接拒绝发表那幅漫画，肯定会伤害纳斯特的自尊，弄得双方不欢而散。而他利用自言自语的方法，流露出内心的想法，既让对方自己做出放弃的决定，又不伤和气，保全了面子。

开门见山、直截了当式的拒绝犹如当头一盆冷水，使人难堪、伤人面子。先承后转法，是一种避免正面表述、采用间接的主动出击的技巧，即首先进行诱导，请君入瓮，当对方进入后，话锋一转，制造出"意外"的效果，让对方自动放弃过分的要求。

另外，通过身体动作也可以把自己拒绝的意图传递给对方。当一个人想阻止对方继续交谈时，可以做转动脖子、用手帕拭眼睛、按太阳穴以及按眉毛下部等漫不经心的小动作。这些动作意味着一种信号："我较为疲劳、身体不适，希望早一点儿停止谈话。"显然，这是一种暗示拒绝的方法。此外，微笑地中断、较长时间地沉默、目光旁视等也可表示对谈话不感兴趣、内心为难等心理。

李林为了配合下午的访问行程，他想在中午之前尽快结束与甲公司的谈判，下午第一个目标要到乙公司拜访。但是，甲公司的科长提出了邀请："你看到中午了，一起吃中饭吧？"

李林与甲公司这位科长平常交情不错，又是非常重要的客户，不能轻易地拒绝。但是，和这位爱聊天的科长一起吃中饭，最快也要磨蹭到下午一点才能走。李林怎样才能不伤和气地拒绝呢？

其实，李林只要在对方表示"要不要一起吃饭"之前不经意用身体语言表示出自己很忙的样子，例如，说话语速加快或自然地看看表等。但是，在这个时候不要过早地流露出坐立不安的神情，否则就会让人怀疑你合作的诚意。

所以，一定要学会运用巧妙的暗示拒绝法，在短时间内表达出"不"的意思，把正事办妥，并且做到不伤和气地拒绝。

## 不好拒绝时，缓一缓

虽然说拒绝与接受要明白地传达给对方，但是也绝不是毫无顾虑地表示出来，毕竟人都是有感情的动物，强硬的语气只会伤害到对方的自尊心，甚至会招来对方的怨恨。

在别人提出要求时要洗耳恭听，对自己不能答应的事要表示抱歉，体谅对方拼命工作的苦心……这些都是在你回答"不"之前所应思考的。尤其当提出要求的对方是上级时，说话更要留有余地。

当有人向你提出请求时，如果你感到自己可以做到，那么就答应别人，但如果你感到这个请求超出了自己的能力范围，那么你可以立即给予回绝："不行，这个忙我帮不了。"但是，如果你用延时法来说："哦，我来想想办法，是不是能办成，我一定尽快给你一个回复，你看怎么样？"如果你过一两天再打电话表示无能为力，那至少你不是"一口回绝"，你是已经尽力了。有时候，被拒绝的人耿耿于怀的不是别人不肯伸出援手来帮自己一把，而是别人拒绝自己时所持有的一种十足的官腔，或是盛气凌人、漫不经心的态度。倘若别人已经竭尽所能，那么即使事情最终没有结果，也不至于惹来抱怨，或者因此结下仇恨。

人生中，你是否会遇到一些无法拒绝的人和事？或是因为亲情，或者因为友情，你难以启齿，却又不得不拒绝？你是否因此绞尽脑汁、彻夜难眠？怕因为一时的不小心而伤了感情，所以常常硬着头皮做自己不喜欢做的事？如果你的答案是肯定的话，不妨试试下面这些巧妙的拒绝方法：

1.谢绝法：对不起，谢谢，这样做可能不合适。

2.婉拒法：哦，是这样，可是我还没有想好，考虑一下再说吧。

3.不卑不亢法：哦，我明白了，可是你最好找对这件事更感兴趣的人吧，好吗？

4.幽默法：啊！对不起，今天我还有事，只好当逃兵了。

5.无言法：运用摆手、摇头、耸肩、皱眉、转身等身体语言和否定的表情来表示自己拒绝的态度。

6.缓冲法：哦，我再和朋友商量一下，你也再想想，过几天再决定好吗？

7.回避法：今天咱们先不谈这个，还是说说你关心的另一件事吧……

8.严词拒绝法：这可不行，我已经想好了，你不用再费口舌了！

9.补偿法：真对不起，这件事我实在爱莫能助了，不过，我可帮你做另一件事！

10.借力法：你问问他，他可以做证，我从来干不了这种事！

## 给对方一个拒绝的理由

"这件事我真的办不到"、"我手头也很紧，没有钱借给你"、"我们都做一样的工作，凭什么要我帮你……"在遭受这些拒绝后，你的感觉是什么样的？会很平静、很客气地说"既然如此，那我就不打扰你了，对不起"吗？恐怕不会。想必多数人一定会恼羞成怒，用犀利的言语回击对方："你这个人怎么这么没有同情心啊！难道你一辈子就不求人吗？"然后拂袖而去，从此与原来的朋友形同陌路。

"不"字谁都会说，但怎样说才能既不伤害对方，又不使自己为难，却不是每个人都能做得到的事。拒绝他人，最困难的就是在不便说出真实的原因时又找不到可信而合理的借口。既然如此，我们不妨在别人身上动脑筋，比如以家人为借口。

当一个推销员上门推销时，一个女士拒绝的态度礼貌而坚定："我的婆婆不让我在家门前买任何东西。"这就暗示对方："我不买你的商品，不是因为我不愿意掏腰包，而是为了保持和婆婆良好的关系。"这样一来，推销员既不会因为你没买他的商品而怨恨你，同时也感到再说下去也是白费口舌，只好作罢。

于珊来到这个快递公司已经有好几年了，工作业绩也不错，看到自己的同事的工资都涨了，而自己的工资还是老样子，她心里难免有些着急。于珊犹豫了很久后，终于鼓起勇气走进马经理的办公室说："马经理，我想我的工资是不是应该涨了……"

马经理微笑着回答说："你的工资的确应该涨了，但是……"经理用手指了指玻璃板下的一张印刷卡片不慌不忙地说，"根据本公司的职务工资制度，你的工资已经是你这一档中最高的了。"

于珊一下子泄了气："唉，我忘记我的工资级别了！"说完只好退了出来。

巧妙地拒绝就是要让别人感觉到你拒绝的是这件"事"，而不是他这个人。这件事情虽然被拒绝了，但并不损害你们之间的情感。你可以说："这件事我非常愿意为你效劳，只是不巧，我现在正在做一件急事，下次你再有这样的事情，我一定帮忙。"或者你还可以说："这几天我实在脱不开身，您是否请小李来帮忙，他在这方面的业务比我精通，您若是不方便找他，我可以代您向他求助。"让别人觉得你虽很想帮助他，但是确实有不得已的苦衷，产生这样的效果是拒绝别人的最高境界。

也就是说，你的拒绝一定要有具体的理由。如果你只是说："我很忙。"很可能会被对方说成是"那个人就是不想帮忙"，或"求他什么事都是一脸的不高兴"，所以，你在拒绝别人时要具体地说明一下不能接受的理由。

比如，在你正争分夺秒地为第二天负责人的紧急会议准备资料时，上司走过来对你说："能帮我打印一下这份文件吗？"这时，你要明确地向上司说明第二天负责人会议的资料必须尽快完成，然后让上司判断哪项工作更急迫。

如果上司说："是这样啊！那你就尽快完成你手上的这份工作吧，我的这份之后再做。"或者上司认为他的事更重要，对你说："实在对不起，这件工作更紧迫，会议资料的工作我帮你做。"这时，你要按照上司的指示去做。

另外，在表示拒绝的时候，也可以从对方利益出发来说明自己爱莫能助的理由。从对方的利益考虑，以对方的切身利益为借口，往往更容易说服对方。比如，同事要求你在一个不合理的期限内完成工作，与其说明你如何不可能办到，不如让对方相信这种仓促行事的做法对他而言并没有好处。这样的话，同事不仅不会怀疑你的意图，还会对你产生感激。

当然，在你拒绝同事的时候，除了技巧，更需要发自内心的耐性与关怀，表达出友好和善意是我们拒绝时最重要的原则。否则，对方一旦察觉到你在敷衍他，那么，你在同事心目中的地位就会下降，你在办公室里的人际关系也会受到影响。

怎样说"不"是一门学问。当你拒绝别人的要求时，首先要态度温和，尽管说"不"是自己的权利，但仍需先说"非常抱歉"或者说"实在对不起"，然后再详细陈述自己不能"帮忙"的各种理由，这样，别人在感情上就能接受下来，可以避免一些负面影响。如果可能的话，最好再提出一些好的建议。因为拒绝有时是一个较为漫长的过程，对方会不定时地提出同样的要求。若能化被动为主动地去关怀对方，并让对方了解自己的苦衷与立场，可以减少拒绝的尴尬与影响。

如果我们学会了巧妙地拒绝，就掌握了生活的主动权，就会生活得更加轻松、自如。既不担心与人接近，又不害怕与人争辩，你的行为完全超乎自然，有多少能力就表现多少。这种自我维护的改变，能够使你有更多的时间专心于做自己该做的事，也使他人能够意识到你的权利，真正理解并尊重你。

# 第九章 技能四
## 谈判：一种从技术到艺术的修炼

### 说点儿题外话，营造谈判的开局氛围

一说到谈判，人们容易想到的是两军对垒，气氛严肃。实际上，现代商务谈判并不一定都像两军打仗一样搞得剑拔弩张，它也可以是十分友善、充满笑声的。而且，后一种谈判氛围往往更能促成双方谈判顺利，最终达成一致。

这是因为，充满欢声笑语的友好氛围能减少谈判中的紧张情绪，在这样的氛围中，谈判双方都会少一些敌对情绪，多一分合作意愿，会将谈判拉到达成合作的区域中。反之，在严肃紧张的氛围中，谈判双方很容易产生猜忌和防御心理，可能会将谈判带进一拍两散的危险地带。

也许内向性格的你认为自己可不是营造气氛的好选手，这种事还是由外向的人来做比较适合。其实未必如此，就像幽默风趣一样，很多人都把这一特质置于外向性格的人身上，总觉得内向的人根本不懂幽默。谈判中，气氛的营造也是如此，内向性格的人在这一点上可是一点儿都不差，

所以还是剔除曾经的想法吧。

从营造良好的谈判气氛的角度来讲，还有一个说话的禁忌就是口出狂言、口若悬河。如果一个人说话时表现得自大轻狂、目中无人，就会招致对方的厌烦，甚至会遭到回击。而嘴巴说个不停，不给对方说话的机会，就会失去了解对方的机会。所以，你要把握好营造氛围的说话方式，给谈判开一个好头。

时代华纳的创始人史蒂夫·罗斯是一个很有传奇色彩的企业家，同时，他也是一个性格偏于内向的人。

在公司创立之前，罗斯从事的是殡仪馆业务。当他放弃原有工作，准备进入更大规模的行业时，制订了一系列计划，其中一个计划是帮助一家小型汽车租赁公司与凯撒·基梅尔谈一笔生意。

当时，凯撒在纽约市内拥有大约60个停车场，罗斯希望基梅尔允许那家汽车租赁公司使用他的停车场出租汽车，租车的客户可以免费使用停车场。作为回报，罗斯打算给基梅尔提成租车费。

为了这次谈判能够获得成功，罗斯做了充分的准备，他从各个方面了解了凯撒。在各个方面的信息中，有一条引起了他的注意：凯撒是个铁杆赛马迷，拥有自己的马，并让它们参加比赛。

罗斯知道一些赛马的事，因为他的一个亲戚也养马，并且也参加赛马。当罗斯走进凯撒的办公室，准备谈判时，他做了一件事：他很快环视了整间办公室，眼光停留在一张外加镜框的照片上，照片是凯撒的一匹马站在一次大规模的赛马冠军组中。他走过去，仔细看了一会儿，然后故作惊讶地喊道："这场比赛的2号马是莫蒂·罗森塔尔（罗斯的亲戚）的！"

听到罗斯说这句话，凯撒一下子来了兴致。两人话语投机，后来联手进行了一次非常成功的风险投资，那次成功投资的实体最终发展成为罗斯的首家上市公司。

仅仅是一句话，就让罗斯一下子把谈判对手和自己的距离拉近了，这就是谈判氛围营造的魅力所在。毋庸置疑，谈判是一件竞争性很强的事情，双方站在各自的立场，为争取各自的利益而费尽心思。如果一个人总是摆出一副冰冷的面孔，表情非常严肃，刚坐下就直奔主题，谈判现场就会十分压抑，让人有喘不过气的感觉。

这样，对方就会经常提出"中场休息"的要求，甚至会找个借口终止谈判，将谈判日期延后。而良好的谈判气氛的作用就好比是"润滑油"，可以有效地疏通彼此的心理阻塞，给双方减少交流的困难，甚至可能加快谈判进度。所以，你要主动并善于制造融洽的、对自己有利的谈判氛围。

**1.调整与谈判对象的关系**

每一个内向者当面临要谈判的时候都难免会紧张，其实对方也是如此。因此，在谈判的开始阶段需要一段沉默的时间。如果此次谈判可能要持续几天，那么最好在开始谈判前的某个晚上一起吃一顿饭，以调整与对方的关系。

**2.心平气和、坦诚相见**

谈判的目的无疑是为了双方共同磋商与合作。因此，不管彼此是否有成见，身份、地位、观点、要求有何不同，在谈判之初也不要怀着对抗的心理，说话的时候也不要表现出轻狂傲慢、自以为是等，而只有抱着合作共赢的态度、心平气和地坐下来谈判，才能取得理想的谈判效果。

**3.不要在一开始就涉及有分歧的议题**

内向性格的人往往比较"慢热"，在谈判刚开始的时候，短时间内还无法形成良好的氛围。因此，你不要在一开始就涉及有分歧的问题，而应先找一些友好的、中性的话题，比如，彼此旅途的经历、体育新闻或文娱消息等，说不定某个共同感兴趣的话题会帮助你们营造友好的气氛。如果是对比较熟悉的谈判人员，还可以谈谈以前合作的经历、打听一下熟悉的人员等。这些都是为了给彼此寻找共同话题而进行的开场白，头开好了，氛围才能好，谈判才能顺利进行。

的确如上所述，一个好的谈判氛围会直接影响到参与谈判者的心情、行为方式，进而关系到谈判方向的发展。当然，要营造一个良好的氛围，还需要你认真思考、随机应变。所以，在谈判时，你在说话方式、态度、措辞上都要谨慎一点儿，即便讨论中出现分歧，也不要大动肝火，说出偏激的话，要尽量用柔和的方式化解异议、逆转谈判氛围。一个真正聪慧的内向者要有意识、灵活地调节谈判气氛，将谈判的好势头转到自己这一边，成为笑到最后的大赢家。

## 慎重答复，让答案在脑子里"飘"一会儿

坐在谈判桌前接受对方的发问是必不可少的交流模式，内向者的谨慎、内敛、沉默等性格特质在这个时候往往能起到关键性的作用。对于对方提出的一些问题和质疑，内向的人能够做到不急于回答，而是深思熟虑，然后再给出答案。

我们知道，谈判中的回答不是孤立的，而是和提问有联系的，谈判者

答复的每一句话都带有一定的责任,都可能被对手当成一种许诺。而且,同样的问题,不同的回答,带来的效果也是大相径庭:回答得妙,也许会力挽狂澜,把即将吹掉的生意拉回来;回答得糟,可能会错失良机,眼睁睁地看着到嘴边的鸭子飞了。只有在谈判中慎重回答对手的疑问,才能防止你说出不该说的话,而是把话说到点子上,以使自己占有先机。

因此,你有必要学习一些回答的技巧。

### 1.三思而行,回答问题别太快

有些外向性格的人,在谈判过程中会在对方的话音刚落时就迅速解答对方的疑问,以显示自己的实力,其实这种做法是很不妥当的,谈判中的答复与普通的回答问题不同,并不是回答得越快越好。

要知道,你们是在谈判,而不是随意聊天,你说的每一句话都是对对方的承诺,如果出现了偏差或者漏洞,将对你的谈判目的的实现非常不利。事实上,谈判对手所提的许多问题都是尖锐的,甚至是另有企图的,如果回答者没想明白对方的提问意图就照实回答,很可能就会掉入对方精心设计的陷阱中。因此,每回答一个问题,你都要深思熟虑,特别是对一些可能会暴露自己底牌的问题,回答时更要谨慎。这一点,对于内向者来讲是一种优势所在,所以你一定要充分利用好这一点,让答案在脑子里"飘"一会儿。

### 2.不要不懂装懂,对于艰难的问题更要谨慎回答

任何一个谈判的人都不是"康熙字典",也不是百科全书,尽管为了谈判做了很好的准备工作,但难免会在一些刁钻古怪的问题面前不知如何作答。当遭遇这种情况时,你一定不要为了保全自己的面子而胡乱给出答案,这样不仅会让谈判人员的颜面尽失,还有可能给公司造成巨大的损失,可谓得不偿失。

举个例子，一家国内企业与一家境外公司谈合资建厂的相关事宜时，眼看谈判即将成功了，这时候外商却提出了减免税收的请求，对于这一点，国企代表毫无准备，对税收也是一知半解，但为了能够达成合作，就胡乱地给出了答复。结果是什么呢？合约虽然签订了，但为该公司带来的不是利润，而是损失。

所以，当遇到自己不了解的问题时，你要坦诚地告诉对方自己不清楚这方面的有关事宜，不能给出明确答案。有些内向者会碍于面子，做不到坦诚相告，那样的话是很容易吃亏的。

**3.反客为主，用反问回答对方的问题**

有的时候，谈判人员遇到不好作答的问题，可以不直接回答对方，而是用反问的方式变被动为主动，比如，对方问："贵公司是否认真考虑过我们公司的意见呢？"谈判人员可以避开对方的问题，反问道："贵公司可曾仔细想过我们的提议呢？"或探索式地问对方："您可以将贵公司的意见再讲一次吗？"以便了解对方提问的真正意图，然后给出比较保险的答复。

**4.适时地发挥"不知道"的功效**

从形式上讲，谈判就是一种面对面的交流活动。也正因此，谈判的双方都在仔细地观察对方的情绪、言语变化，以随时思考应对方式。有的时候，谈判人员可以干脆不发表自己的意见，只用"不知道"作答，也会收到很好的效果，因为"不知道"这个词包含多重含义，会让对方摸不透你的想法。一位著名谈判专家就曾用"不知道"三个字为他的邻居争取到了很高的赔偿金额。

谈判是在这位专家的房子中进行的，保险理赔员先开了口："先生，我知道你是谈判专家，一向都是针对巨额款项谈判，恐怕我无法承受你的要价，我们公司若是只出100美元的赔偿金，你觉得怎么样？"

专家表情严肃，没有说话，理赔员见状，有些沉不住气，说道："对不起，请别介意我刚才的提议，我再加一点儿，200美元如何？"专家摇了摇头，说道："只加一点儿？不好意思，我无法接受。"理赔员继续说："好吧，那么300美元如何？"

专家想了想，说道："300美元？嗯，我不知道。"理赔员有点儿惊慌，他说："好吧，400美元。""400美元？嗯，我不知道。""你还不满意？那就500美元！""500美元？嗯，我不知道。""算了，遇见你这个谈判高手，我自认倒霉，这样吧，600美元，这是底线了。"专家依然回答："600美元？嗯，我不知道。"

最终，谈判专家为邻居争取到950美元的赔偿款，而邻居原本只希望要300美元。事后，这位谈判专家不无感慨地说："用'不知道'作回答的效力真是大！"

谈判是一种为了取得合作而采取的交流模式，也是一场口才与智慧的博弈。当在谈判过程中，遇到对方提出的让自己处于两难境地的问题时，内向的人一定要发挥自己的特性，谨慎地回答对方提出的疑问，该说的时候说，不该说的时候就保持沉默，或者干脆说"不知道"。一旦掌握了这些应对技巧，内向性格的人不仅可以游刃有余地应付对手抛出的难题，还能营造融洽的谈判氛围，何乐而不为呢？

## 运用模糊语言的谈判方式

在生活和工作中,我们常常会注意到,一些人说话喜欢用"基本上、可能、或许"等词语。显然,这些词有一个共同的特性,就是"模糊"。很多时候,我们会对这种打太极的说话方式感到厌烦:不正面回答问题,让人去猜测答案。但是,一旦将这种话语运用到商务谈判中,就会起到推波助澜的作用。

内向者说话一般不会直来直去,也不会把话说得过"满",这也就符合了运用模糊语言的谈判方式。这种在不愿意或不方便给出对方确切的答复的时候,为自己的回答上点儿"马赛克"的做法容易让对方坠入九重迷雾中,猜不透自己的想法。如此一来,自己是不是更多了一些胜算呢?

在一场商务谈判中,宋老板问道:"你们这批产品的质量怎么样?"对方答道:"咱们两家公司也不是第一次打交道了,我们算是老朋友了,您是了解我们公司的,我们很注重信誉。与同类商品相比,我们公司的产品质量还是比较让客户放心的。"

宋老板继续发问:"如果产品出现问题,你们是否包退包换?"对方不慌不忙地说道:"在用户正常使用的情况下,产品出现技术故障问题，我们会派技术人员去维修。"

宋老板又问道："别的厂家的产品保修期都是两年，你们产品的保修期怎么才一年啊？是不是应该改一下？"

对方说道："我觉得我们的产品质量还是不错的，如果您觉得有必要，可以适当地修改一下时间。"

在这场商务谈判中，宋老板和谈判对象是长期合作伙伴，宋老板之所以在谈判中提出产品质量问题，是为了让对方表态愿意全权负责因质量问题而引起的麻烦。

看得出，对方也是个谈判高手。试想，如果他在回答宋老板一连串的问题时直接拒绝他的要求，就可能弄僵整个谈判氛围，但如果答应了宋老板的要求，就可能使自己的公司蒙受经济、名誉上的损失。所以，他使用了很多模糊的语言，比如，"与同类商品相比"、"在用户正常使用的条件下"、"我觉得"、"适当地修改一下时间"等，减少了说话的绝对性和肯定性，给自己留了很大的余地。

其实，听听那些颇有经验的商务谈判专家的话，我们就会明白，语言太极在谈判中是至关重要的，甚至是必不可少的。因为在商务谈判时，针对问题的回答并不一定就是最好的回答，回答问题的要诀在于知道该说什么和不该说什么，而不必考虑所答的是否对题。比如，对方问："你们打算在这个项目上投资多少钱？"如果谈判人员认为先说出真实的投资数目会增加谈判的难度，就可以运用模糊的语言回答："这要看贵公司的诚意和实力了，如果你们的项目可行性强、利润可观，我们当然也会给出与之相匹配的投资款项。"这样一来，既回答了对方的问题，又不会透露自己的底牌。这样的回答实在堪称精妙。

在商务谈判中，运用模糊的语言可以减少回答中的绝对性，让谈判人员的回答更具弹性、灵活性。那么，使用模糊语言是否有技巧呢？内向性格的谈判者可以参照以下两种方法。

**1.偏离主题，说点儿风马牛不相及的话语**

内向者在面对谈判对手的问题时，有时候会备感为难，因为既不能直接地从正面回答，又不能拒绝回答，那么，在这种情况下，内向的人可以用偏离主题的方法来回答。换句话说，就是在回答问题时故意绕开对方关注的内容，说点儿与问题无关的话，借以躲开对方的逼问。比如，可以与对方讲一些看似与问题有关，实则无关的话题。高谈阔论一番，表面上是回答了问题，其实根本与问题一点儿边也沾不上。

**2.运用模糊的词汇**

中国的语言是复杂的，但也是很有艺术性的。谈判中，你可以运用像"没有意外的话"、"在正常情况下"、"大概需要"等模糊的词汇充分发挥模糊语言的良好效果，以使自己在谈判中更胜一筹。

谈判桌的两旁，丁玲和林伟正在进行一场唇枪舌剑。丁玲问道："我想了解一下贵公司的生产量和库存情况，可以给我介绍一下吗？"林伟答道："如果没有意外的话，通常情况下，每个月的煤产量大约在6万吨左右，这6万吨煤主要供给一家大型电厂和两家中型电厂，基本上没有多余的数量。煤炭的生产受很多条件和因素限制，因此，将来的煤炭生产量很难用一个明确的数字来表示，只能根据以往的经验作一个大概的估算。"

在这场对话中，林伟先后用了"没有意外的话"、"通常"、"大约"、"左右"、"基本上"、"大概的估算"等表达不清晰的模糊词汇来回答丁玲的问题，让人挑不出毛病。

不可否认的是，商务谈判要求谈判人员能清晰、明确地表达自己的想法，那些语言犀利的说辞或许能让自己占有谈判优势，但是，适当地运用一些模糊的语言，非但不会对谈判结果产生不良影响，有时反而可以使谈判人员的语言更灵活、真实，将谈判的好势头转到自己这边，从而赢得这场"较量"。

## 婉转地说出否定的意愿

对于任何形式和内容的交流，你都有说"不"的权利，而内向者由于自身腼腆、爱面子的特性，往往很难张开拒绝别人的口。

然而，你不要忘了，谈判是一种以协商为手段、以互利为目标，通过双方互相拒绝，又互相承诺而达成共识的活动过程。如果你一味地说"是"，从不表达自己的反对意见，那么谈判的结果势必对自己不利。

还有一些谈判人员在面对对方提出的不适宜的合作条件时，就会反唇相讥，黑着脸、语气生硬地拒绝对方。

上述两种做法其实都不明智，一个真正的谈判高手会挑选委婉的语言、含蓄的方式、合适的时机说出否定的意愿，这样做就会将对方的心理伤害降到最小，给彼此都留有余地。作为性格内向的谈判人员，如果不想让自己在谈判中处于左右为难的境地，就要好好研究一下拒绝的学问。那么，有哪些婉转的拒绝技巧可供内向的人参考呢？下面我们就为大家一一列举。

**1. 说出你的困难**

有些时候，即便你动之以情、晓之以理地说出了自己的难处，对方仍然坚持那些远远超出你底线的要求，这时候再耗下去也没法得到实际的进展。与其如此，你不如直接说出自己的困难。你可以告诉对方自己现在面对的棘手问题，表示自己实在有心无力，从而使对方主动放弃，并对拒绝表示理解。

关于这一点，你可以在遵循这两个原则的前提下"大吐苦水"：一是自身不具备满足对方条件的一些硬件条件，如技术人员、资金等；二是原则问题，如法律条文、公司制度等。这两者可以单独使用，也可以合二为一地使用，视具体情况灵活运用便可。

**2. 抛出问题，让对方认识到自己的过分之处**

当面对谈判对象的不合理要求时，以内向者的性格而言，很难直接说"不"。但这并不要紧，你可以用抛出问题的方式来拒绝对方，这些问题会让对方明白他的对手不是"任人宰割的羔羊"。不仅如此，这些问题还会让对方意识到自己的过分之处。

某中国民营企业曾与一家日本工厂进行过一次关于某种农业加工机械的贸易谈判。谈判中，中方的谈判人员面对日本代表报出的高得离谱的价格巧妙地采用了抛出问题法加以拒绝。这位谈判人员一共提出了4个问题："不知贵国生产此类产品的公司一共有几家？""不知贵公司的产品价格高于贵国某品牌的依据是什么？""不知世界上生产此类产品的公司一共有几家？""不知贵公司的产品价格高于某品牌（世界名牌）的依据又是什么？"

这些问题使日方代表非常吃惊，他们张大嘴巴，却不知如何作答。同时，他们也意识到自己报出的价格确实有些过分。最终，他们主动将价格降低了很多。

### 3.先扬后抑

任何人在面对他人的拒绝时，心里都会有不舒服的情绪，特别是脸皮薄的内向人就更是如此。但如果对方拒绝得比较含蓄，你的郁闷指数就会降低很多。谈判也是这样。因此，为了将对方心中的不爽因子数量减到最少，内向者要换位思考一下，设想一下自己处在对方的位置上时喜欢听的和不喜欢听的话，尽量避免用直接拒绝、全盘否定的话语将对方"打入冷宫"，以免其产生不满心理。

对于这个问题，你可以运用先扬后抑的方法，也就是我们常说的"给个甜枣，再打一巴掌"。比如，当要拒绝对方某一要求的时候，你先从对方的意见中找出一些可取之处，给予赞赏和肯定，然后再陈述彼此的分歧点。这样一来，由于对方先获得了被肯定的心理需求，心中的敌对情绪就会减少很多。当谈判人员表达出拒绝之意时，对方也不会产生太多的抗拒心理。

### 4.开个玩笑

内向者看似不善言谈，也不懂幽默，但实际上由于他们喜欢思考、想象力强，其幽默的本领是在大多数外向者之上的，只不过很多时候自己没有发现罢了。

我们知道，在口才艺术中，幽默是个万能武器，在谈判中运用它拒绝对方的某些条件也同样很有功效。

苏联曾与挪威进行过一次谈判，主要内容就是购买挪威鲱鱼。在谈判中，熟悉贸易谈判技巧的挪威人开出的价格非常之高，苏联的谈判代表几乎磨破了嘴皮，与挪威代表讨价还价，但挪威代表就是坚持原价，坚决不让步。谈判进行了几天几夜，苏联的谈判代表换了一个又一个，还是没有一丝进展。

为了解决这个棘手的问题,苏联政府派柯伦泰为全权谈判代表。柯伦泰面对挪威代表报出的高价毫不客气地还了一个极低的价格,毫无意外,对方还是摇头,谈判像以往一样陷入了僵局。

挪威代表丝毫不担心谈判失败,因为不管怎样,对方要吃鲱鱼,就得找他们买。而柯伦泰却耗不起时间,而且还非成功不可。情急之下,柯伦泰使用了幽默来拒绝挪威代表报出的高价。

她对挪威代表说:"好吧!我同意你们提出的价格。如果我的政府不同意这个价格,我愿意用自己的工资来支付差额。但是,这就需要分期付款。"挪威代表听后忍不住大笑起来,谈判氛围有所好转,最终,挪威代表同意将鲱鱼的价格降低一些,双方达成合作,柯伦泰用开玩笑的方法解决了这个棘手的难题。

有首歌里唱道"该出手时就出手",其实在谈判过程中,你应该"该说不时就说不"。虽然大多数性格内向者在面对朋友、长期合作客户时不好意思拒绝对方,害怕伤了彼此的感情,但是该拒绝的时候不拒绝,对双方都是没有好处的,因为应该拒绝的要求往往是谈判人员无法承受的要求,很难兑现。若不拒绝,不仅失信于对方,自己的公司也会有损失。所以,该说"不"的时候请大胆地说吧。

## 适时地沉默，此时无声胜有声

人们常说"沉默是金"，古人也有言："此时无声胜有声。"说的都是沉默的作用。可是你知道吗？在商务谈判中，适时地沉默同样可以"淘到金"。

看到这儿，或许内向型的人就会窃喜：原来自己不爱表达的性格特征有这么大的作用呢？不过，不要忽略了，这里所说的沉默并不是让你在谈判的时候一言不发，只听对方讲，而是指一种谈判策略。对于这一策略，有业内人士道出这样一个定义："在商务谈判中，适时地闭嘴，放弃主动权，让对方先尽情表演，或者多向对方提问，并设法促使对方沿着正题继续谈论下去，以暴露其真实的动机和最初的谈判目标，然后再根据对方的动机和目标，并结合己方的意图，采取有针对性的回答。"

其实，所谓的谈判都是讲究实效的，也就是需要在一定的时间内解决双方的分歧点，达成合作。如果你认为在谈判中滔滔不绝、伶牙俐齿才会占上风的话，那么只能说这种认识是有失偏颇的。不信你就试试，到头来你会发现自己并没有获利多少，往往以失败告终，与谈判中慷慨激昂的表现不成正比。真正的谈判高手会将一半甚至更多的时间用在倾听上，认真听对方说的每一句话，从而慢慢地摸清对方的底牌，让自己赢得先机。

一次，鲁伊谭跟一家公司谈一个合作项目，寒暄几句后进入正题。对方的谈判代表提出了一个很苛刻的要求,他要鲁伊谭给进货价格打个8折。这个时候,鲁伊谭故意装沉默,没有理他。过了一会儿,对方沉不住气了,又说道:"要不我们公司多订2000件产品,你给我打个8折吧。"鲁伊谭继续沉默。最终,鲁伊谭以9折的进价与对方签订了合同,进货量还比以前增加了一倍。对方非但没有不满,还很高兴,觉得鲁伊谭很厚道。

鲁伊谭表示:"在对方要求你给优惠的时候,可以使用沉默策略。你把价格扔给对方,看对方作出什么态度。在对方还没有表态之前,千万不要说一句话,一说话你就输了,因为那样会让对方感到你说这个价格是别有用心,是在试探他的价格底线,对方可能会死死咬住你不放。"

看得出,故事中的鲁伊谭是个经验丰富的谈判者,他巧妙地运用沉默为自己赢得了更大的利益。

通常情况下,谈判中,先打破沉默的一方就是让步的一方,甚至连说话内容都很相似:"好吧,我再让步2%,这是最后的让步,如果你不同意,那么我们只好终止谈判。"

在正常的谈判中,对于同一个问题一般总会有两种解决方案,即你的方案和对方的方案,你的方案是已知的,如果你不清楚对方的方案,则在提出本方的报价后务必要设法了解到对方的方案再采取进一步的行动。所以,在谈判中,千万别快人快语,要有"咬破嘴唇也不开口"的耐心。

当然,沉默并不是一言不发,而是在谈判过程中为了己方利益的最大化而采取的一种策略,这就是说,沉默也是有选择的。那么,对内向者而言,在运用沉默这一谈判策略的时候该注意些什么呢?

**1.要有恰当的沉默理由**

如果你冷不丁地一语不发,对方会怀疑你缺乏诚意。所以,沉默也得有恰当的理由。谈判中,通常人们采用的方法有:假装对某项技术问题不理解、假装不理解对方对某个问题的陈述、假装对对方的某个礼仪失误表示十分不满。

**2.了解谈判对象的沉默**

我们知道，沉默蕴含着深长的意味，尤其在谈判过程中，它所表达的意义更加丰富多彩。它既可以是无言的赞许，也可以是无声的抗议；既可以是欣然默认，也可以是保留己见；既可以是威严的震慑，也可以是心虚的流露；既可以是毫无主见、附和众议的表态，也可以是决心已定、不达目的绝不罢休的标志。当你端坐于谈判桌前，一方面要适时、适度地保持沉默，另一方面也要了解对方沉默的含义，这样才能想出最恰当的应对之策。

**3.学会等待**

当你提出一个诚恳的建议，而对方给出的回答却并不明确，这时候沉默就可以派上用场了。你只需耐心地等待，用你的耐心让对手感到不自在，非得用明确的答复来打破僵局不可。

说到底，"谈"是谈判中的主要作战手段，"听"则是辅助武器。适时地沉默、倾听对方的意见是谈判人员应该掌握的重要策略。谈判人员要尽量多地给对方说的机会，然后在听的过程中得到他们的"军情"，最终扬起胜利的旗帜。

## 第十章 技能五
# 表白：润物细无声，句句见真情

### 鼓起勇气，爱要大胆说出来

由于性格内向者腼腆、不善于表达的特性，使他们在喜欢的人面前总是很不好意思说出"我爱你"，或者"我们交往吧"等字眼。

内向者喜欢把爱埋在心里，总是远远地看着对方，默默地关心、疼惜着对方，对方的一个小小的举动都能让他们想出千万种可能，搞得自己夜不能寐、茶饭不思，看到对方和其他的异性亲近，自己的心中既忌妒又悲伤。

换句话说，内向者在爱情面前多是被动的，于是他们守株待兔般去等待，任寂寞之痛狠狠噬咬自己脆弱的内心，也不愿主动迈出第一步。于是机会一次次错过，年华一点点逝去，爱情却始终没有到来，只有无济于事的嗟叹始终萦绕心头。

这是一件多么悲哀的事，你何必让这种悲剧发生在自己身上？！现实中的大部分爱情其实并不像小说、电影里那般奇妙，会自己自动产生，真正的爱情需要你付出智慧和努力去创造、经营，才能收获应有的幸福。

郭尧是个性格内向的男孩，他喜欢上了一个女孩。他和女孩的住处相距不远，尽管是近水楼台，可郭尧却没有"先得月"，原因就是他从前年考虑到去年，从去年琢磨到今年，仍迟迟没有向女孩表白。

郭尧知道女孩喜欢吃德芙的榛仁巧克力，一次，他终于鼓起勇气给女孩买了一盒，可当见到女孩的时候，却又不自觉地把巧克力放回了包里，最终也没拿出来。

其实，在郭尧心里勾勒过无数次向女孩表达自己爱意的情景和话语，可一看到女孩，他就紧张得不行，预先想到的浪漫和从容一下子都消失不见了。

当独处的时候，郭尧就又开始想象下一次遇到女孩的情景，他给自己设定了好多个"下一次"，可是3年的时间眼瞅着过去了，无数个"下一次"却都在郭尧的不敢表白中白白错过了。

终于有一天，郭尧看到女孩的身旁有了一个护花使者，此时的郭尧万念俱灰、悔不当初，可一切都为时已晚了。

其实，很多内向型的人都和故事中的郭尧类似，对于爱情总是抱着一种观望的态度，不敢轻易地表达出来。

或许在多数内向的人看来，爱是无须表达的，他们认为自己的一个眼神、一个动作就能让对方明白是怎么回事。然而，这不过是一种片面的认识罢了，你不说，人家怎么能知道？谁也不是你肚子里的蛔虫。

另外，内向型的人往往受自尊心的驱使，容不得自己遭受拒绝，害怕内心受到伤害，所以话到嘴边又咽下就成了家常便饭。到头来，只能像郭尧这样看着心爱之人投入他人的怀抱，而自己也只能空留悔恨了。

人生有很多机遇是留给准备好的人的，这种机遇不会在原地一直等着你。喜欢的东西就要自己去争取，哪怕失败了，也是一次宝贵的经验。

子轩暗恋丽雯很久了，可是因为子轩性格比较内向，一直不敢表白。后来丽雯跳槽到另外一家公司，临走的时候，给子轩留了一封信。

子轩打开一看，信封里面只有一张用笔戳了一个洞的白纸。子轩一下子泄了气，想："她是叫我看破，不必太认真。"

后来，子轩失落了很长一段时间，才让自己的心情慢慢地平复。两年之后，子轩接到了丽雯的电话，邀请他去参加自己的婚礼喜宴。

电话中，丽雯说："有一件事我想问你，你看过当年我留给你的那封信了吗？"

子轩叹了口气回答："看过了。"

丽雯问："那你为什么没有再和我联系？"

"你不是让我看破吗？所以……"

没等他说完，丽雯气恼地说："我哪里是要你看破，我是要你突破！"

从这则故事可以看出子轩太懦弱，面对感情不敢追求，可同时，丽雯只是留下了一张让人去猜的信，正巧子轩没有和她想到一块儿去，那么这段感情就这样擦肩而过了。如果丽雯当时能再主动一些，找子轩大胆地说出来，或是在信上把自己的想法明确地写出来，那么这个故事可能会是另外一个结局。

所以说，爱一个人，一定要表达出来。当爱情来临的时候，你不应该躲避，而要勇敢地迎上去，勇敢地把爱说出口，这是你爱一个人的权利，至于对方接受与否，那是他的选择。也许，当你说出口的时候，不仅是给自己制造了一个爱的机会，也给了对方一个选择的机会。如果你说了出来，对方不能接受，那么你就长痛不如短痛，大家还是朋友。还有一点，如果对方听到你的心声，恰巧也对你有意思，在等着你开口，这岂不是一件完美的事情？

当然，为了让内向者的表白更有"保障"，你可以通过一些小窍门来判断对方是否也倾心于自己，这样就免去了一些被拒绝带来的尴尬和伤害。下面是几个可以"出卖"他（她）内心的细微动作，你可以从中判断一二。

**1.看他（她）是否经常找机会和你在一起**

如果你发现自己喜欢的人总是有事没事黏着你，即便是一起参加集体活动时也总是会站在离你最近的位置，唱歌时会主动邀你，跳舞时也总坐在你身边，那么很有可能他（她）也在心里悄悄地喜欢着你。

**2.他（她）是否对你的家庭、亲朋好友和童年往事感兴趣**

一般人与别人相处交往，如果问及对方的家庭、籍贯等只是出于礼貌性的相互介绍和了解，通常只会偶尔随便问问。但如果是自己心爱的人，便会忍不住深入细致地打探，经常提及，表现出极大的兴趣。所以，如果他（她）也对你如此，那么很有可能他（她）对你有意思。

**3.面对你的求助，对方是否总是很热情地帮你**

如果你只要有求于自己所喜欢的人，需要对方帮忙，他（她）便会想尽一切办法帮你，除非他（她）实在无能为力，一旦帮你办成，他（她）便会感到很高兴，如果办不成，便又会懊恼责怪自己，那么他（她）心里也应该是有你的。

**4.他（她）是否很在意你与别的异性在一起**

当你与某位异性在一起说笑被他（她）看到，事后他（她）便漫不经心地问你："嘿，刚才那个是不是你男（女）朋友呀？""你俩挺般配的嘛"之类带有酸味的话，如此明显的吃醋行为，就说明他（她）心里有你。

实际上，很多时候，能不能将心爱的人"拿下"，或许并不是最困难的事，只要你敢于说，让对方知道了，那么你们才有牵手的可能。所以，内向的你在自己所爱的人面前无须太看重自尊，不要害怕被拒绝，也不要故作冷漠，大胆地表白，大胆地"追"吧。

## 试着努力去相信对方

信任是人与人相处的基本要素，夫妻之间同样需要信任。我们知道，内向者大多敏感、多疑，这使得他们较难相信别人，有时候甚至对自己的伴侣也不例外。

殊不知，信任是维系情侣和夫妻之间感情的纽带，只有彼此以心换心、信任对方，才能保持彼此感情的历久弥新，达到相敬如宾、沟通无极限的至高境界。而与此相反，猜疑是人性的弱点之一，历来是害人害己的祸根，是卑鄙灵魂的伙伴。

如果一个人掉进了猜疑的陷阱，必然会处处神经过敏、事事捕风捉影，在对对方失去信任的同时，对自己也会心生疑窦，这样一来，对于双方关系的良性发展显然是有害而无利的。

李彦明和女友小慧是大学同学，从相恋至今已经有5年多的时间了。碍于高房价的压力，他们还没有买房，也就没考虑过结婚，而是先同居着。

在起初的两年多的时间里，李彦明和小慧就像一对真正的夫妻一样，每天日出而作、日落而息，和和美美地过着日子。可是渐渐地，小慧开始对李彦明不信任起来。

原来，有一次，小慧趁李彦明洗澡的时候偷偷看了他的MSN账号的聊天记录。小慧发现，居然有个女孩和李彦明"打情骂俏"，这让小慧如同五雷轰顶，她万万没想到自己深爱多年的男友居然背着自己搞"小三"。

由于小慧是那种性格内向的女孩，她没有直接质问李彦明，而是憋在自己心里，静观其变。

不久后，小慧又发现李彦明总是在周末加班，陪自己的时间越来越少了。事情过去半年之久，小慧实在忍不住了，她干脆留了张纸条给李彦明，然后离家出走，纸条上只有一句话："希望你和你的新女友幸福。"

看到这张纸条的李彦明霎时愣住了，他搞不清小慧到底是怎么了。顾不上考虑太多，李彦明认为先找到小慧要紧，于是，他通过自己和小慧的朋友、同事、同学等多方打听，终于知道了小慧的下落。

见面之后，李彦明问小慧葫芦里卖的什么药，为什么有想法不和自己说而是自己瞎猜忌。

这时候，小慧也觉得该是捅破窗户纸的时候了，她把当初看到聊天记录，还有怀疑李彦明以加班为借口和别人约会的事一股脑儿地说了出来。

李彦明听了无奈地笑了笑，他告诉小慧，那个女孩是他姑姑家的妹妹，由于从小总在一起玩，他们很谈得来，而那个女孩又是超级外向的性格，说话口无遮拦，李彦明也只好跟着她的节奏胡侃下去。至于那几个月总是加班，是因为公司马上要上市，工作压力明显增大，当然收入也随之增加了。李彦明还告诉小慧，如果不信，可以看看他的工资卡入账记录和工资条，加班费明显高出了不少。

经过一番交流，小慧终于知道了自己疑心过重差点儿造成的损失——失去一份难得的幸福。

至此，他们冰释前嫌，又回到了一个屋檐下。不久之后，他们贷款买了新房子，并且去民政局领了结婚证。

如果李彦明和小慧最终没能走到一起，将会是一件十分遗憾的事，而那样的结果也正是小慧疑神疑鬼造成的，怨不得其他人。

可见，信任对于双方的感情而言是至关重要的，它就像感情大厦的大梁，失去了它，再美丽的大厦也会坍塌。如果一方对另一方的人格持怀疑态度，不相信对方对自己的感情，就是对对方的一种伤害，长此以往，彼此之间的裂痕和隔膜就会越积越深厚，最终导致劳燕分飞。

不得不承认，内向的人多数较为敏感，因为敏感，因此就会喜欢猜疑。当然，敏感并不一定是缺点，对事物敏感的人往往很有灵气、有创造力，但如果过于敏感，特别是与人交往时过于敏感，就需要想办法加以控制了。

试想，如果你不信任自己的另一半，你就会很容易相信别人的话，把同事的一句玩笑或者心怀不轨的人的恶意中伤一一记在心里，稍有不如意，你就会对伴侣进行发泄，如此，不但加重了你的心理负担，同样也给深爱你的人带来烦恼。久而久之，无论他（她）是多么珍惜你们之间的感情，都会因受不了这种不信任给其造成的伤害而选择离去。

**1.有疑问直接说，不要让它烂在肚子里**

内向者的内心丰富、想象力强，在发现伴侣一丁点儿的"不对劲"后都会天马行空地想象一番：对方是不是背叛了自己？或者有背叛自己的苗头；对方是不是不爱自己了？讨厌自己了，等等。

在这种情绪的作用下，你一方面会因为胡思乱想而分散精力，从而不像以前那样用更多的心思关注对方、爱对方，这对于彼此感情的培养显然是不利的；另一方面，你的猜疑会引起对方的不快，他（她）会因为失去自己所爱之人的信任而感到烦躁甚至恼怒，如果一再解释还得不到你的信任和理解，那么你们的感情势必会有滑坡的趋势。

**2.小事装糊涂，大事要清楚**

很多伴侣心生猜忌，并不是真的有什么原则性问题发生，只不过是从一些鸡毛蒜皮的小事，察觉出了一点儿蛛丝马迹，然后经过自己大脑的"加工"而让原本没有的事情"丰富多彩"起来。

其实，伴侣和异性接触是正常的社会交往中必不可少的，但你不能认为凡是异性交往就会"有问题"发生。不妨换位思考一下，你在工作和生活中不需要接触异性吗？如果对方也像你一样疑神疑鬼，你又是什么感受？

所以，在伴侣和其他异性交往这件事上，只要是非原则性问题，就应该让自己的心胸开阔一点儿，不去干涉、不去计较。当然，如果发现有"越界"的可能，则应该绝不姑息，坐下来好好谈谈，以防止你们的感情达到不可收拾的地步。

诚然，每个人都想有一个完完全全属于自己的伴侣，知道他（她）在想什么、做什么。可是真正爱一个人就要去相信一个人，不管他（她）在想什么、做什么。对于那些心存疑虑的内向者们，生活的味道那么多，何必偏偏让那些莫名的酸和醋毁了自己原本幸福的生活呢？

实际上，在感情方面，恋人或夫妻之间只有彼此尊重对方、相信对方的人格、宽容对方的缺点，把对方的命运真正与自己的命运相结合，才能获得完全的信任。也只有完全信任对方，彼此之间的感情才能够稳定，幸福也才会款款而来。

## 感情的世界别太"讲理"

内向的人一向注重原则，凡事都要弄个黑是黑、白是白。在和恋人相处这一点上也是如此"黑白分明"。我们知道，人和动物的区别之一就是会讲道理。"有理走遍天下，无理寸步难行"被崇尚"理"的人们奉为圭臬。

可是你是否知道，讲理也许可行遍天下，但是在有一个地方却未必行得通，那就是在感情的世界里。

在我们周围不难发现有这样的人，他们能够在外面潇洒地游走于职场，快乐地"混江湖"，但当走进家里，在面对恋人的时候，即使说尽天地间的大道理，都不能使之听进去，更别说获得对方的认同和赞许了。

归根结底，都是因为感情的世界是没有道理可讲的，因为恋人之间有比理更大的东西，就是"情"和"爱"。

韩子宾和妻子晓丽结婚10年了，几乎从没吵过架，甚至连一句伤感情的话都没说过。

当然，牙齿难免碰到舌头，他们偶尔也有不和谐的时候，比如生闷气，你不理我，我也不理你，结果弄得两个人都很疲惫，使得整个家也是毫无生气。对于这种气氛，韩子宾很不喜欢，并且试图改变，所以慢慢地，他就学会了"缴械投降"，后来再遇到什么彼此之间不理解的事情，总是他"举白旗"，用所有能够想到的方式向妻子承认是自己错了。即使最郁闷的时候，韩子宾也只是从家里跑到办公室安静地坐一会儿，然后情绪也就跟着烟消云散了。

其实韩子宾心里很清楚，是不是自己错了呢？或者说每次都是自己错了呢？也未必见得，只是他不想穷究谁对谁错、谁是谁非。韩子宾认为，夫妻之间遇到意见不一的时候，对和错是一回事，要不要讲清对和错是另外一回事。

在韩子宾看来，两口子之间就完全没必要分出对错，即使明明知道自己是对的，也要装一回糊涂，这样做并不代表自己没有是非观，而是因为分清这样的是非实在没有多大意义。"自己对了怎么样？爱人错了又怎么样？饭还是要正常吃，日子还是要正常过，两个人还是要在一个屋檐下生活。"正是凭借着这样的"觉悟"，韩子宾和妻子相濡以沫，恩恩爱爱地走过了这么多年。

不难理解，两个原来没有一起生活的人一旦一起生活，难免会在某些方面觉得彼此不适应，甚至觉得对方不可理喻，这时候，如果非要坚持自己的观点、要跟对方"讲理"的话，那么争吵就会不可避免地发生。殊不知，吵架是最伤害感情的，如果你有理，你以为你赢了，其实你还是输了，因为你输了她的心；如果总是这样争吵的话，那么只能导致彼此的关系越来越疏远，原本存在的爱也少了，曾经的温情脉脉也不知道跑到哪个角落里躲起来了。

因此，你不妨学学故事中的韩子宾，遇到和伴侣意见不一的时候，即使自己有理，也没必要辩个是非曲直，而是适当地认个"错"，或者自己找个途径缓和一下情绪，原本可能发生的"家庭大战"便化于无形之中了。

或许，不少内向者的心理会因此而感到不平衡：凭什么不把道理说清楚呢？要知道，感情的世界是用"情"而不是用"理"组成的，在这里，本来就不是讲理算账的地方，因为相互之间没有绝对平等的条约。

但是，感情离不开爱，离不开相互的理解与支持，离不开一种默契与宽容。你只要承担起一份感情的责任，努力为伴侣、为感情付出就行，不需要哪个法官来评判，不需要太多的语言做解释，更不需要新闻公布。在这个没有公平定式的小圈子里，你需要不断地付出爱，也不断地享受爱，在小小的摩擦与碰撞中不断理解和感受生活的快乐，这才是一份真正的感情的意义。

**1.活出装傻的境界**

内向者心思缜密，让他们装傻绝非易事。但是在感情这一点上，无论是谁，都有必要学会揣着明白装糊涂，这样才能让感情稳定、幸福长久。

我们知道，任何事情都有一些模糊地带，这里最脆弱而敏感，也许进一步就会山穷水尽，退一步就海阔天空，感情生活也不例外。感情的世界本来就是复杂而烦琐的，没有判断谁对谁错的标准，纠纷无非是由一些鸡毛蒜皮的小事儿所引发，没有原则性问题，只需睁一只眼，闭一只眼，留下一点儿余地，这样对双方都是最好的保护。所以聪明的内向者会装傻。

**2.给予尊重，让对方喘口气**

每个人都是独立的个体，有独立的思想，两个人走到一起并不意味着思想一致。同一件事，伴侣之间看到的和所理解的也许并不一样，所以，当处理事情的方式不同的时候就是两人真正磨合的时候，当然，这种磨合并不是要用争吵、争辩的方式来解决，可以静下心来慢慢地向彼此倾诉，在这种交流中，所谓的默契便油然而生。

聪明的内向者不会和自己的伴侣太较真儿，哪怕心里有这样或者那样的"不服",因为他们知道,和恋人讲道理,即使分辨出个青红皂白,最终对于感情都没有什么好处。诚如每一株玫瑰都有刺,在每一个人的性格中都有自己不能容忍的部分;爱护一朵玫瑰,并不是一定要把它的刺儿拔除,而是学会如何不被它的刺所伤,以及如何不让自己的刺刺伤心爱的人。

## 别吝啬说那些美好的话

在潜意识里,任何人都渴望得到他人的赞美。这一点,对于很多内向者来说或许并不擅长,因为他们更崇尚"有一说一",不喜欢说太多"脱离现实"的话。

可是,你要知道,不管是谁,都没办法对赞美"免疫",你的恋人同样不例外。

对于每一个被赞美者来说,他人的赞美是对自己的肯定,将给自己带来终生难忘的美好记忆以及继续奋斗的动力,可见赞美对人心灵的作用就像阳光对于万物生长所起的作用。

正因为赞美有如此神奇的功效,在现实生活中,一个善于赞美他人的人往往更能得到他人的好感、受到他人的欢迎。在感情生活里,赞美同样具有如此功效。

因此,内向性格的人不要再沉浸在自己固守的情感世界里,舍不得对对方说一些赞美之词，还是大方、真诚地表示你的赞美吧，如此，相信你会发现赞美能为你带来意想不到的收获。

约翰逊在战争中受了伤，他的一条腿有点儿残疾，而且疤痕累累。但幸运的是，他仍然能够享受他最喜欢的运动——游泳。

一个周末的午后，也就是他出院以后不久，他和他的太太去海滩度假。在做了简单的冲浪运动以后，约翰逊在沙滩上享受日光浴。不久，他发现大家都在注视他。从前他并没有在意过自己这条满是伤痕的腿，但是现在他知道这条腿太显眼了。

又过了一个星期，太太提议再到海滩去度假，但是约翰逊拒绝了，他说不想去海滩，宁愿待在家里。他太太的想法却不一样："我知道你为什么不想去海边，约翰逊，"她说，"你开始对你腿上的疤痕产生自卑了。"

"我承认我太太的话，"约翰逊先生说，"然后她向我说了一些我一辈子也不会忘记的话，这些话使我的心里充满了喜悦。她说：'约翰逊，你腿上的那些伤疤正是你勇气的徽章。是你的勇敢，赢得了这些疤痕，它们是你的光荣。不要想办法把它们隐藏起来，而是要记住你是怎样得到它们的，而且你一定要骄傲地带着它们。现在走吧，让我们一起去游泳。'"

约翰逊同意太太的说法，他的太太消除了他心中的阴影，甚至让他有更好的开始。

海滩上的人围着他，有个小男孩以一种无法想象的崇拜的眼神看着他。

"我可以摸你的腿吗？"小男孩问。

"可以。"

小男孩触摸到约翰逊腿上的伤痕，说："你一定很痛吧？"

"是啊，可是我们打胜了这场仗。"

约翰逊的身边响起掌声，他们尊敬他，称呼他为"英雄"。

约翰逊的太太用真诚的赞美换来了丈夫的勇气，如果没有她的赞美，约翰逊恐怕永远都为自己是个残疾人而不敢去"游泳"。可见，男人需要赞美，特别是来自妻子的赞美，这种赞美可以使他们生出无穷的力量，使他们在身心愉悦的同时有勇气去面对更大的困难和更多的问题。

然而，遗憾的是，很多内向的人对于赞美自己的人持有排斥态度，他们觉得是什么就说成什么好了，没必要说奉承的话。

这种想法是不正确的，也是对感情的培养有弊无利的。一个真正聪明的人肯定会懂得对恋人不吝赞美。因为他们知道，赞美是感情这块土壤里的最佳养分。

**1.抓住日常小事中表达赞美的机会**

内向者由于刻板，往往不会说甜言蜜语。但是为了培养出美好的感情，你有必要让自己改变一下。对于恋人的赞美，你可以通过日常生活中的小事表达出来。比如，当恋人在工作中取得了不俗的成就时，不妨对他（她）说："真了不起！"或者当恋人为自己精心做了一顿可口的饭菜，也不要忘记说一声："谢谢你啊，味道真好！"

这些话会让对方感到温暖和幸福，让他（她）的疲惫感减轻。所以，不要小瞧这短短的一句话，因为这句话里表达的可是你对对方的爱与理解。

**2.背后赞扬**

处于热恋中的男女往往会情不自禁地夸赞对方的优点，表现出对伴侣的欣赏之情，但是在其他人面前却总是遮遮掩掩，不愿说出伴侣的优点。

其实，对于欣赏伴侣这件事，你大可不必藏着掖着，例如在对方的亲友们面前，你可以"不经意"地说几句赞美伴侣的话，这样，你的欣赏就有可能通过传播飘进你的伴侣耳中。这种通过第三者转告心里话的做法，其效果要比对你深爱的人当面赞扬好得多。

"十年修得同船渡,百年修得共枕眠。"所以,当你与爱人在一起时,一定不要忘记称赞对方。在生活中,让自己的嘴巴"甜"一些,让自己的行为"勤快"一些,那么你就会发现你在伴侣心中的形象会更加优秀。

## 沟通让彼此更合拍

虽然内向的人都希望自己获得美满的爱情、幸福的婚姻,可是现实生活中,争吵、矛盾却总是在所难免。有心理学家指出,感情可以分为三种类型,即"不匹配型"、"需要改进型"和"需要完善型"。尽管很多人的感情都是"匹配"的,但绝大多数仍需要"改进"和"完善"。之所以如此,主要还是彼此之间缺乏主动沟通,从而造成了关系不甚和谐的局面。

也许内向的你会认为,两个人就需要心有灵犀一点通,为什么非得要自己主动,对方干嘛不主动呢?如果你遇到一个主动沟通的另一半,那么恭喜你;可万一遇到的是和你一样想法的另一半呢?事情的结局自然不会太理想,否则也不会出现这样一种处于危机边缘的感情现象了,这种感情危机就是冷暴力。

冷暴力指的是伴侣在产生矛盾时不是通过殴打的暴力方式处理,而是对对方表现得较为冷淡、轻视、放任和疏远,最明显的特征就是漠不关心对方，将语言交流降到最低限度，这些都是冷暴力中比较常见的做法。

不难想象，这种情况长此以往，彼此之间的感情必然会越来越淡，怨愤就会越来越深，要么在痛苦中苦苦挣扎，要么分道扬镳。不管是哪种结局，想必都不是你想要的。

罗女士对于自己的婚姻生活感到很不理想，其原因主要是她老公太内向，无论遇到什么事都是一言不发，就算是两个人发生了不愉快，罗女士要争吵，他也不去理会。

矛盾过后，罗女士的丈夫也不会主动"讨好"妻子，一如既往地不理不睬、爱咋咋地。对于这种局面，罗女士很是头痛，她说："哪怕你和我吵吵架也好啊。"可她的老公就是不搭理，她只能自己唱"独角戏"。

这样的事情发生了很多次，罗女士都打算离婚了，可是一想到年幼的儿子，她还是忍住了。直到现在，她还处在这种不快之中，不知道什么时候是个头。

像故事中罗女士和其老公的婚姻现象在现实生活中并不鲜见，而解决这种局面也并非难事。比如，罗女士的丈夫只要多和妻子沟通、多聊天、多哄她，那么罗女士也就不至于像现在这么痛苦了。

可能有的内向者会说："是我当初看走眼了，我和对方根本就性格不合！"事实真的如此吗？其实未必。内向的你要知道，没有一个人可以满足配偶的所有要求，也不应该奢求对方完全地满足自己的所有要求。要解决这其中的矛盾点，彼此之间的沟通是至关重要的。只有多沟通，双方才能多一些理解、多一些包容和体谅，关系才能稳定，爱情才会甜蜜。

因此，当和伴侣产生了矛盾，内向的人不要碍于面子而羞于开口，而应和伴侣多一些沟通。同时，内向的人也不要觉得自己不善表达，只要你掌握了一定的方法和技巧，沟通必然可以畅通无阻。

**1. 选好沟通的时机**

"气头上没好话"是老百姓常说的话。的确,一个人在情绪落寞、心情压抑的时候,说话也往往不那么好听,对于别人说的好听的话也难以听进去。所以,和伴侣进行沟通也要看准时机和场合,最好在彼此都能心平气和、只有两个人的安静的环境里进行。

**2. 多用正面语言**

同样的意思,如果用不同的语气说出来就会给对方造成不同的感受。比如,你跟对方说"你怎么总是乱脱袜子"改成"记得下次脱下袜子放在同一个地方"。这种缓和的态度会让对方更容易接受。

**3. 尽可能清晰地表达自己的看法和感受**

不管是心思缜密的内向者还是大大咧咧的外向者,每个人的内心并不容易让别人猜透。换句话说,你一定要把自己的想法明确地表达出来,告诉对方你的内心感受、期待和需求等,让其了解你现在的状态,这样才能进行有效的沟通。

其实,只要内向的你掌握了沟通的技巧,平时多和伴侣聊一聊,彼此之间就会多一些了解、多一些体谅,自然也就更合拍了。如此一来,你们的爱情生活是不是更加和谐和美满了呢?

下篇

做更好的自己：
内向者的提升修炼

## 第十一章 修炼一
## 恐惧：再也不要害怕和他人交往

### 社交恐惧更易"青睐"内向者

每当周围有人说某某有"社交恐惧症"，我们就会立刻联想到一个内向、害羞的形象，而那种活泼开朗、大大方方的"帽子"则只能给外向者戴。

事实上也的确如此，社交恐惧症更容易"青睐"内向者，这是为什么呢？

从心理学上看，社交恐惧产生的原因是过于看重和顾忌他人的评价。乍看起来，社交恐惧体现为对外界人和事物的排斥，但其实质却是对自己的排斥，他们惧怕别人眼中的自己，怕别人对自己持有否定的看法，也怕遭到别人的拒绝，怕自己的形象在别人看来不够完美，等等。而这些正符合了内向者专注于自己的思想，兴趣只在自己的内心世界而非外界的思想和行为模式。

这一观点的提出主要应归功于瑞士精神病学家荣格。对于心理学的分析，荣格的影响仅次于精神分析学派的创始人弗洛伊德，甚至有这样的说法：在丰富人们关于人性的认知方面，荣格所做的贡献比弗洛伊德还要大。

那么，在荣格眼里，内向者具备什么样的特征呢？"把自己的心理能量向内释放"是一句简洁而全面的概括。具体来说，内向者最感兴趣的并不是缤纷多姿的外部世界，而是他自身丰富多彩的内心世界，也就是他自己的观点、思想、情感和行为。与内向者不同，外向者更容易对外部环境中的一切产生兴趣。

从具体表现上来看，由于内向者的兴趣与注意力是放在自身及其主观世界的，所以他们通常不会随便与人接触，对除了亲朋好友之外的人显得冷漠；在待人接物上，他们也较为含蓄、沉思、严肃、敏感；同时，他们往往缺乏自信与行动的勇气；喜欢生活中的一切都按秩序进行，不希望有过多的变动。

也正是由于这些特征，使内向者在与外界打交道的时候会不自然、不情愿，甚至很不喜欢。这样一来，社交恐惧症就更容易找上门来。

如果你对自己是内向者还是外向者还不太确定，那么请看一下下面这个测试，它能够帮你分析你的性格特征，或许能为你更顺利地参与社会交往有所助益。

请阅读下面的每一条特征，根据你的第一感觉作出选择，看看哪条更符合你：

1.喜欢有口袋的衣服，让手有个放置的地方，否则觉得很别扭；

2.会莫名地产生孤单情绪，无法抗拒内心的恐惧感；

3.平时不爱说话，即使说话也老爱低着头，或者一说话就容易脸红；

4.有心事不会说出来，而是有一个只属于自己的精神世界；

5.习惯了怀疑,却总是要把人往好处想;

6.虽然不相信童话,但是却总是期待会有个真正懂自己、保护自己的人出现;

7.很羞涩,爱一个人不会直白地表达出来,而是暗恋对方,而且全心全意;

8.经常会感觉世界上的每一个人都不可靠,可是即便这样,还是愿意选择相信别人;

9.有求于人的事一般不会去做,宁肯自己走弯路,也不会主动请他人帮忙,属于死要面子活受罪型的人;

10.喜欢把事情付诸行动,而不是语言,认为用行动证明自己才有说服力,而做之前就说自己能够如何如何,会让自己觉得"不靠谱"。当取得优异的成绩后,也不会向别人炫耀,而是喜欢让别人说自己低调、谦虚;

11.容易自卑,很容易忽视自己的优点而太在乎自己的缺点;

12.对于别人的看法会非常在乎,导致其遇事容易优柔寡断、拿不定主意,有时候为了迎合别人而失去了自己。

在上述种种特性中,如果你具备3条以上,那么就可以说你是个内向性格的人。

既然内向者更容易对社交产生恐惧心理,那么就要采取一些办法来缓解或者避免这种恐惧心理。其实,大多数性格内向的人可以通过自我调适来缓解这种情绪,如果调适不过来,甚至严重到影响正常的工作和生活,那么就要寻求心理医生的帮助。关于自我调适,我们可以通过以下三点建议来进行:

**1. 不过多思考，让大脑变得"简单"些**

无论大事还是小事，一个长时间处于思考状态的人更容易伤心、苦恼。

**2. 别对自己太过苛刻，允许自己犯点儿小错**

与人交往中，不怕说错话，并能够以冷静的态度战胜他人对自己的"嘲笑"。

**3. 锻炼自己积极的意志，形成旺盛的进取精神**

其实，内向的人并非没有主见，他们的内心也并非是冰冷的世界，只不过他们为了更好地自我保护而不去过多地"暴露"自己。内向者的内心从来都是丰富的。

如果你身边有性格内向的亲人或朋友，或者你本人就是性格内向者，那么，你可以尝试用上面的方法帮助他人或者自己。请相信，拒绝社交恐惧，你也许不会觉得自己有多么优秀，但肯定会有更多的人认为你很优秀。

## 如何避免恐惧情绪的侵袭

在前一节内容中提到，内向者专注于自己的思想，兴趣只在自己的内心世界，这也就导致其在面对环境变化、与人交往的时候更容易产生压力，进而更容易生出恐惧情绪。在这种情况下，必然会导致其说话水平、办事效率都大打折扣。

尽管如此，可对内向者来说却是很难改变的事，他们会认为周围所有的人都在注意着自己、观察着自己的每一个小动作，于是就采取躲避措施。可越是如此，恐惧心理就会越强烈，当形成了恶性循环时，他们的日子必然会更加痛苦不堪。

高燕是个性格内向的女孩，也是个聪明的女孩，从小到大都是班里的尖子生，高中毕业后顺利地考入一所名牌大学。为了毕业后找工作更顺利一些，高燕希望改变一下自己的内向性格，也好让自己更好地融入集体，并在大学期间多创造一些"辉煌"的战绩。

高燕内心深处很期待自己能成为学生会的干部，实在不行也要做个班长、团支书。

可是期望归期望，由于高燕一直以来的内向性格，让她每每与人相处就备感不适，特别是想到自己是个从小县城出来的"村姑"，而很多同学都是在城市里长大的,和他们相比,自己就像是麻雀遇到凤凰,再加上高燕从小到大只顾学习,甚至连县城都没出过,乍一来到大城市,让她觉得非常不适应。

入学不久,学校开展了以宿舍为单位的联谊活动。高燕看到宿舍代表和联谊方的宿舍代表侃侃而谈的样子非常羡慕,也非常向往,可轮到自己说话时便前言不搭后语,紧张得要命。

在这种自卑感的笼罩下,高燕越来越不敢与人交流,甚至和同宿舍的姐妹都不能轻松自如地谈话。她一想到4年的时间自己都将在这种痛苦的情绪中度过,别提有多难受了。

看完这个案例,我们或许有些为高燕感到惋惜:这么一个成绩优异的女孩却因为性格内向所带来的社交恐惧而对自己毫无信心,甚至痛苦不堪。

或许你要问:对于这样的情况就没有办法挽救了吗?如果一直这样下去,该多可惜呀!

的确,如果这种社交恐惧心理得不到调节和克服,高燕的自卑心理就很容易越来越严重,使之备受折磨。

那么,内向者又该怎样缓解与人交往中的恐惧心理呢?

**1. 认识到内向性格和外向性格的优缺点,别一棍子把自己"打死"**

心理学家通过研究发现,内向型的人有着善于思考、遇事沉着的优点,但同时也有着思想较狭隘、容易产生自卑感的不足之处。而外向性格的人,他们的优点是性格爽朗、倔强、遇事不怯场、反应敏锐,但外向性格的人往往从兴趣、情感出发,会影响其独立思考习惯的形成。

说白了,内向性格的人和外向性格的人都有各自的优缺点。所以,你不必为了自己是个内向的人而感到自卑,否则你会觉得在和人交往方面,自己天生就不是那块料，这样一来，内心深处对于不得不进行的交往就会产生抵触和恐惧情绪。所以，为了让自己能够顺利地融入外部环境，先不要只看到自己的缺点而忽视优点，而应客观全面地看待自己和他人，为自己融入社会交往中打气、助威。

**2.培养对周围环境的兴趣**

内向性格的人多半是怕"人"的，要想解决这一问题，就要让自己对周围的环境产生兴趣。比如，每天下班后不要马上回家，而要到一个热闹的场所逗留一段时间，然后回家将自己所观察到的一切记录下来。之所以这样做，其目的是要让自己从自己的个人世界里走出来，让自己置身于一些以前不敢去的环境，同时对这些环境进行仔细的观察。

俗话说，习惯的力量是强大的，当形成这样的习惯，那么你就会对本来有很多机会接触而从来没有留意过的事物产生兴趣，因此会让自己想要与外界接触的愿望增强，逗留的时间也就自然而然地有所增加。

**3.做一个自信、快乐的人**

内向者大多对自己要求严格，不允许自己做错哪怕一件小事，一旦结果不理想，就容易进行自我批判，进而丧失信心，同时心情也会不愉快。其实，这是交往中恐惧心理的根本所在，所以，要想坦然地与人交往，就要让自己自信起来、快乐起来。我们可以通过下面几种方法来实现：

（1）不否定自己，并告诉自己"天生我材必有用"、"我肯定能行"；

（2）不苛求自己，对于一些事，只要自己尽力去做了就行，结果不理想也没关系；

（3）不回忆曾经的不愉快，过去的就让它过去好了，别去回忆那些曾引起自己不愉快的事，因为现在才是最值得把握的，也是最可能把握得了的；

（4）待人友善、乐于助人。有时候，我们能够从对待他人的友好中获得自我满足感，这会让我们产生愉快的情绪，并感受到自身的价值，从而使自信心倍增；

（5）去人多的地方，让来来往往的人们从自己眼前经过，并试图对他们微笑。

可以说，与人交往中的恐惧心理常常以不易察觉的方式影响着我们的生活。由于很多人都羞于承认自己具有恐惧心理或者听之任之，就很容易导致恐惧情绪加重，从而更严重地影响到我们的生活。如此看来，最终打败的或许并不是恐惧心理，而是我们自己。

所以，当你发现自己存在交往中的恐惧心理时，不要听之任之，也不要把这些罪过归于内向性格，而应该找到根本的原因，充分地认识恐惧心理，同时提高自己与人交往的自信心，大胆地说出自己想说的话，那么，一个虽然内向但却口才一流的人或许就这样诞生了。

## 克服恐惧先要提高表达能力

看到这个标题,有的读者朋友可能会说:"哎呀,我内向,与他人交流说话本来就是我的弱项,压根儿别提什么表达能力了,那会比登天还要难的。"

事实真的如此吗?其实未必。之所以不敢与他人交流,其原因未必是内向性格所致,而是表达能力不够强导致的。也可以说,只要你加强表达能力,在和别人交往的时候,说话也就更大胆、更自如了,这在无形中又会克服你在和别人交流时的恐惧情绪,甚至有利于让性格开朗起来,真可谓一举数得。

美国成功学奠基人、最伟大的成功励志导师奥里森·马登博士曾在他的传世名著《改变千万人生的一堂课》中写过这样一段话:"不管心存什么样的雄心壮志,首先得掌握驾驭语言的能力,有让人羡慕的好口才。你也许不能成为律师、医生或商界精英,但你每天都要说话,也就必然要运用语言的独特力量。"也就是说,我们要想口吐莲花、潇洒自如地掌控说话的力量,不管你是内向者还是外向者,一个关键因素就是要提高自己的语言表达能力。

一次,郭凯所在的公司举行南大区经理竞聘演讲。在大家眼里,郭凯是那种勤恳工作、老实本分的内向性格的人。但让大家没想到的是，郭凯的此次竞聘演说居然非常精彩，并最终为他赢得了经理一职。一位新员工向他讨教："前辈，您的语言表达能力真不错，有什么秘诀吗？"郭凯笑了笑，将秘诀娓娓道来。

两年多前，在公司举行的一次年终总结会议上，每个员工都要发言。会议结束后，郭凯的上司对他说："你的语言表达能力不太好，得好好提高一下。"

对于上司的这句话，郭凯千琢磨、万寻思，觉得上司说得很在理，自己的确不善表达。但郭凯也知道，如果改变不了这一点，自己可能会前途渺茫。

回家后，郭凯打电话向一位口才不错的大学同学请教，同学告诉他："可能和你的性格有关，但是没关系，只要你敢于突破自己、多加练习，就肯定能提高表达能力的。我建议你没事多写写文章，把日常的观察、心得以这种形式记录下来，哪怕每天只写几十个字。时间长了，你会发现自己的语言表达能力比过去强很多。另外，你还要多看一些相关的书籍，在书中，你可以得到很多有益的指点。"郭凯接受了同学的建议，不但每天坚持写作，而且也看了很多和口才有关的书籍，果然很有效果。

看得出，郭凯在提高自己的语言表达能力上下足了功夫，正可谓磨刀不误砍柴工，郭凯平时的积累在关键时刻派上了用场，为自己赢得了他人的关注和敬佩。

毫无疑问，语言表达能力是现代社会每个人的一项重要能力，也是练就铁齿铜牙的基本功，它反映了一个人的逻辑思维能力、人际交往能力等。比如，在工作中发表竞聘演说、向别人传达上司的指示、主持工作会议、预约客户、参加交际活动等都离不开语言表达能力。

同样是一件事，表达能力好的人可能让人听得很明白、很清晰；而表达能力差的人可能会让人听得一头雾水。同样是一个笑话，表达能力好的人能说得让大家捧腹大笑；而表达能力差的人则会让人如丈二和尚摸不着头脑。

其实，一个人的语言表达能力主要表现在说话的准确性、逻辑性和耐听性上。说话的准确性是指说话时吐字清晰、用词恰当，将信息完整、准确地传达给他人；逻辑性是指说话时排好语序、分清主次，让听者能够明白说话者要表达的中心思想；耐听性是指说话时能抓住听者的心，不要枯燥无味、废话连篇，让对方昏昏欲睡。

应该说，提高语言表达能力对于一个人，特别是一个内向的人提高自身素养、开发口才潜力、赢得他人关注和配合的重要途径之一。那么，如何做才可以让这种能力如芝麻开花节节高呢？我们可以参照下面的几个方法。

**1.多积累：词汇量的丰富让你的表达能力更出众**

如果一个人的词汇量少得可怜，他的思想就会很贫乏，很难口才出众、谈吐优雅。奥里森·马登曾指出，在培养语言表达能力时，一个重要的途径就是花费一些时间和精力研究修辞，留心相同意思的不同表达，使自己的用词更丰富、谈吐更优雅。同时，还要养成随时查阅工具书的习惯，通过平时一点一滴的积累来增加自己的词汇量。

**2.多阅读：常看书让你的谈吐有内涵**

前面我们就曾提到过，口才的好坏和性格本身并没有直接的因果关系。一个性格外向的人可能说话滔滔不绝，但说不到点子上也是白搭；而一个性格内向的人虽然说得不多，但说出来的话很有内涵、有深度，效果自然要好于前者。

所以，我们要让自己拥有非常出众的口才，就要平时多阅读一些书籍，丰富自己的头脑。俗话说，看遍万卷书，出口可成章，说的正是这个道理。我们可以阅读一些如演讲学、谈判学、逻辑学、论辩学、社会学、心理学等方面的相关书籍，以此提高自己的表达能力。

### 3.多思考：会让你的表达更有条理性

一般来说，内向者比外向者话少，但是思考的时间会更多。实际上，一个人的思考能力也是影响语言表达能力的一个重要因素。很多时候，我们不是不会说，而是不会思考，思考得不明白也就使表达不清楚。因此，在表达一种想法、介绍一个计划之前，最好先仔细地思考提出这个想法的原因，想想这个计划的可行性和难易程度。当你作出比较系统化的思考，你的思维能力和逻辑性会逐步登上一个台阶，语言表达能力也会更有条理化。

### 4.多说话："自言自语"让你的表达更明晰

内向者可能其本身话就不会太多，也可能因为工作太忙，没有太多在人际交往中"说话"的机会，不过这也没关系，你可以通过"自言自语"来提高自己的表达能力。比如，看过一本书后，尽可能地用自己的话将其主要内容、主题概括出来，然后对着镜子将它们大声讲出来，这也有助于提高自己的语言表达能力。

不可否认，提高语言表达能力是一项长期的工作，除了掌握技巧和方法外，还需要你具有毅力，能够持之以恒地练习、大胆实践、及时总结优缺点。如果能做到这些，你就不必再把问题归到自己的内向性格上了，因为你的口才提高了，而性格还是那个性格，你还是那个你。

## 内向不是问题，关键要让自己有勇气

不得不承认，我们生活的氛围更加偏爱外向性格，而且我们的生活、工作环境似乎都要求我们成为一个性格外向的人。因此，许多人也都认为"性格内向"是一个缺点，而内向者本人也会觉得自己不行。但是，实际上并非如此，内向性格并不是不良性格，很多时候，内向者只不过是缺乏与人交往的勇气罢了。

英国著名哲学家约翰·穆勒曾说："除了恐惧本身之外，没有什么好害怕的。"美国最伟大的推销员弗兰克也说："如果你是懦夫，那你就是自己最大的敌人；如果你是勇士，那你就是自己最好的朋友。"不难看出，你是否能够从容不迫地于交际场合与人顺利地交谈，在很大程度上取决于你自身是否具备与人交往的勇气。只要内向性格的人克服了这一点，那么其人际交往就好比一口枯竭的井忽然有了气泵一样，开始活络、流通、顺畅起来了。但是，如果总把问题"归罪"于内向性格上，那么你只能在郁闷、无奈中痛苦煎熬而不会取得良好的交往效果。

廖祥是个人高马大的北京小伙，可他有一点不太好，就是太内向，不善于表达，甚至怕和别人说话。5年前，廖祥从某大学本科毕业后，就到了目前这家生产型企业做技术。5年来，他一直恪尽职守、兢兢业业。

前不久，他终于下定决心向老板提出加薪。可是，距离提出的时间越近，他就越紧张。他在心里一遍又一遍地重复着早已准备好的台词，他自以为这些台词极具说服力。结果，等那天真的来到了，当他面对面地与老板坐下交谈时，他却怯场了。廖祥说话吞吞吐吐，想好的无数具有说服力的言辞忘记了大半，而且前言不搭后语，搞得老板一点儿听的兴致都没有，结果也就可想而知了，廖祥的加薪愿望以失败而告终。

本来很有希望谈成的加薪，却因为性格因素而让廖祥害怕表达内心的想法而未得偿所愿，实在可惜。像他这种情况，除非等着老板主动给他加薪，否则很难掌握主动权。

像廖祥这种因为性格内向而在交流中缺乏勇气的人其实在生活中并不鲜见，云飞也是其中一个。

云飞是个28岁的年轻小伙子，他最近经常跟好朋友说他要找个女朋友，要组建自己的家庭，同时他还在好友面前畅谈自己将来美满的幸福生活，但周围的朋友却从来没看到他为此而努力过。云飞长相帅气，他身边并不缺乏与他心意相投的人，但他从来没有鼓起勇气真正地谈过一场恋爱。当身边的朋友问他为什么不去追求女孩时，他就告诉对方说自己太内向，不敢向对方表白，害怕被拒绝。

虽说像廖祥和云飞这样的内向者在生活中算不上比比皆是，但也并不少见，他们都不同程度地被自己过于内向的性格困扰着，从而产生与人交流的恐惧心理，让自己无法实现本该实现的目标和愿望，这不能不说是内向者的可悲之处。但是，这也并非不可以改变，俗话说"勇者无敌"，只要你能够鼓起勇气，勇敢地面对周围的人和事，那么不管你是内向性格的人还是外向性格的人，都会对你的人际关系带来良好的影响。

对于内向者来说，该通过什么方式让自己具备看似不容易具备的与人交往的勇气呢?

1.树立信心。告诉自己没什么大不了的,不怕别人议论,用自己的行动和语言来鼓励自己,就会战胜恐惧,获得勇气。

2.客观地评价自己。多看到自己的优点和优势,多肯定自己、相信自己的才能,同时也要用积极进取的态度看待自己的不足,摆脱自我束缚。

3.多参加集体活动。参加集体活动是帮助你克服恐惧感、减少退缩行为的好办法。

其实,大多数人的勇气都不是天生的,而是凭借着后天慢慢地积累而形成的。英国杰出的现实主义戏剧家萧伯纳以幽默的演讲才能著称于世,但少有人知道,年轻时的他可是另一番光景,那时候,他羞于见人,胆子很小,即便是受邀去别人家中做客,他也总是会在大门前徘徊半天,迟迟不敢敲门。此外,还有另外一个我们都熟悉的人——美国著名作家马克·吐温也曾是个不敢在人前说话的人。在谈起自己第一次在公开场合演说时,马克·吐温打趣说,自己嘴里仿佛塞满了棉花,脉搏跳得像奥运会中争夺奖杯的运动员。

然而,就是这样一个胆小鬼,到后来却成了世人皆知的大演说家,这不能不说是勇于训练的结果。

所以,你也没必要为自己缺乏与人交流的勇气而担忧,相信充分运用上面的方法,不断地让自己得到锻炼,那么随着时间的推移,会由开始的生疏到后来的熟练,由开始的紧张到后来的轻松,慢慢体会到自己的力量,增强自信心和勇气。

## 勿把他人当自己的镜子

内向者喜欢自我剖析，会不断地反省自己，这对于一个人的自我完善来讲是大有裨益的。但是，如果当这种剖析和反省过于严厉，就会导致内向者对自己的为人处世、所思所想画一个大大的问号。

有这样一个关于科学家爱因斯坦的小故事，我们来看一下。

爱因斯坦十几岁的时候，由于贪玩，导致好几门功课都不及格。一天，他正要和与自己每天在一起玩耍的孩子去河边钓鱼，没想到被父亲阻止了，父亲耐心地对爱因斯坦说："你每天都这么贪玩，功课也不好，为此我和你妈妈为你感到担忧，怕你将来没有好的前途。"

爱因斯坦听了父亲的话之后却不以为然地说："你们也太杞人忧天了吧？约翰逊和约翰的功课也都很差呢，他们不也照样去钓鱼？"

听儿子这么说，父亲并没有恼怒，而是依然平静地、充满关爱地看着爱因斯坦，说："爱因斯坦，话可不能这样说。爸爸小时候曾看到过这样一个故事，我希望你能停下来好好听一听。"

见父亲语气有些凝重，爱因斯坦拿钓竿的手又抽了回来，他点点头，表示愿意听父亲讲这个故事。

爱因斯坦的父亲讲道："有两只猫在屋顶上玩耍，由于没注意，一下子掉进了烟囱里。经过一番努力，两只猫终于爬出了烟囱。这时候，一只猫的脸上全是烟灰，花猫变成了灰猫，而另一只猫的脸上却干干净净的。那只脸上干净的猫看见自己的同伴成了灰猫，不由得联想到自己，它觉得自己的脸肯定也是这样的，于是就赶紧跑到小溪边去洗脸。而那只满身烟灰的猫则以为自己和干净的猫一样还是原来的样子，所以它就没去洗脸。结果，灰脸猫回到家，把家里的其他伙伴都给吓跑了，它们以为来了妖怪！"

听完了故事，爱因斯坦还有些不明白父亲的意思，只听父亲继续说道："这个故事是在告诉人们，别人是不能成为我们的镜子的，只有自己能做自己的镜子，如此，照出来的才是真实的自己。如果拿别人做镜子，就会背离事实。而只有把自己作为镜子，才能正确地审视自己，才会发现属于自己人生的璀璨光芒。"

这时候，爱因斯坦低下了头，父亲知道，他明白了自己刚才所说的话，见儿子乖乖地留下来，而不是去钓鱼，他欣慰地笑了。

的确，如上面的故事所言，只有自己才是"最可靠的镜子"，如果把他人当作自己的镜子，那么自己所得到的认识就会失真。然而遗憾的是，这种情况很容易发生在内向者身上，他们之所以在社交中存在一定的心理障碍，究其根本是他们喜欢将别人作为镜子来照自己。他们担心自己的表现不够好，怕影响了自己在他人眼中的形象，因此就容不得自己有半点儿不好的表现。他们经常会思忖："在别人眼里，我到底是个什么样子呢？"在这种心理的影响下，当他们进入社交环境时，就会感到非常不自然，甚至能不说话就不说话、能不表达就不表达。可是事后，他们又会翻来覆去地在脑子里回忆在交往过程中自己的表现，总觉得这样做不够好、那样做不够妥当，自己应该怎样做、不应该怎样做。

正是这种"患得患失"的心理让内向者对社会交往越来越恐惧、越来越自卑、越来越冷漠。不难想象，这样的心理势必使得其易与别人形成隔阂，影响正常的社会交往。

那么，内向者应该如何克服社交心理障碍呢？

**1.运用"内省法"，释放紧张情绪**

内向者的特点之一就是"不爱说"，但是要想让自己克服在社交中的心理障碍，就需要用语言把内心的感受表达出来。不过，如果实在找不到可交流的对象，你也可以用笔写下来，让他人冷静地观察自己的内心深处，然后将内心真实的想法和盘托出，释放自己紧张的心情。

当你面临一些不如意的事情或者遭遇了失败后，如果能够真诚地对自己大声说："这太糟糕了，不会有比这还糟糕的事情了。""既然我都这么失败了，还有什么可怕的呢！"那么，你的心里就不会因为困境和失败而萎靡不振。

所谓种豆得豆，种瓜得瓜，对于情绪来说也是一样，在你的心里种下什么样的情绪种子，就会有什么样的心情。"既然失败了，有什么可怕的？大不了从头再来。"事实上，这样积极的自我安慰情绪会增强你的信心和安全感。

**2.不要太纠结于负面结果，而要做到能放则放**

内向者总是自觉不自觉地给自己强调一些负面结果，比如，提醒自己"昨天这个地方出了车祸"、"我同事就是在这里让小偷给偷了钱包"、"有人说，这个地方风水不好"，等等。往往，越这样想，心里就会越紧张、害怕，所以，你一定要避免用这些负面情绪来提醒自己。你可以做自己最好的心灵按摩师，学会给自己打打气。当你又要想到这些问题时，可以对自己说："行了，这算什么事啊，别多想了！"那么，这时的不良情绪就会被阻断。

### 3.让身体处于良好状态

情绪不但会影响事情的进展和结局，对你的身体也会产生或好或坏的影响。同样地，你身体的状态也会影响心情，尤其是在面对生活上的困扰时，保持一个好的身体状态十分重要。好身体会给你带来好情绪，保持良好心情的一个最好的办法就是保持你健康的身体状态，因为身体和心理是互通的。

## 告别悲观心理，不要禁锢自己

很多内向者之所以恐惧与人交往，是因为其存在一些不健康的心理，比如悲观。当然，这种情绪的由来很可能和一些外在因素有关，例如受到不正确思想的影响，或者在曾经与人交往的过程中受到过欺骗、被他人玩弄过等，由此产生了"看破红尘"的念头，形成一种悲观心理，把自己内心禁锢起来，再不与人往来。

毋庸置疑，这种心理丝毫不利于你顺利地投入到人际交往中去。那么，你如何才能从这种交往的悲观心理当中走出来，从心理上释放自己呢？

**1. 放下怀疑论调，不要总认为人心叵测**

内向者无法走入群体中去，很多时候还抱着"人心隔肚皮，知人知面不知心"的思想不放。由于性格中的怀疑、谨慎等特征，使他们更容易感觉人心叵测，从而不会轻易地相信他人。这样一来，也很难得到别人的信任。

所以，要想让自己改变对人际交往的恐惧心理，就要放下悲观的想法，释放自己。其实，很多时候并不是人心叵测，而是你自己究竟想不想"知"、想不想"测"；再就是自己会不会"知"、会不会"测"。

**2. 正确对待社交失败**

我们每个人都希望能够在社交中游刃有余，而不希望遭遇失败，内向者就更是如此。但是，人生不如意之事十之八九，社会交往也不例外。如果你因为自己曾经在社交中遭到过挫折和失败，便从此产生一种悲观的情绪，不愿与人交往，那么，这实在是一种因噎废食的表现。当你在社交中遇到挫折和失败的时候，需要忍耐、自我安慰和自我调理，还需要寻求社交温暖，以排除内心中对于以往的社交失败之苦。这样，才不会因为一次社交失败而给自己留下心理阴影。

**3. 不要被悲观观念束缚**

虽然说人与人之间的情谊是以相互存在为条件的。对于死者来说，其死后就什么都不存在了，自然也就谈不上与他人的情谊了。但对于活着的人来说，虽然对方不存在了，但与对方生前所建立起来的情谊却仍然深埋在其心底。因此，"人走茶凉"并不是我们生活的一个定律。人与人之间的感情、友谊是不受时间、空间限制的，关键在于人与人之间是否建立过亲密的感情、友谊。如果担心"人一走，茶就凉"，从而就不去与人交往，那无异于担心秋后遭灾就不去种庄稼，是很荒唐的事情。

我们时常听到有人说"世态炎凉""人情冷暖"等词汇，他们以此来形容现代社会人际的淡漠和疏离。在剥削阶级统治的社会里，"世态炎凉，人情冷暖"的确是一个较普遍存在的事实，因此，我们不能一概否定。然而在今天，我们虽然不能把社会理想化，但总的来看，世态并不是时炎时凉的，人情也不是忽冷忽暖的。尽管人与人之间的关系还存在着一些丑恶的现象，但这并不是世态的主流。因此，我们应该克服这种交往的悲观观念，就算有一些人在与你交往的过程中以怨报德，你也不能怀疑所有人都是以怨报德的。

**4.大胆起来，敢于主动和他人交往**

内向者和外向者最大的不同体现在社交中就是前者很被动，而后者较主动。心理学家研究发现，有两点原因影响了内向者不能主动与他人交往。一方面是他们生怕自己的主动交往不会引起别人的积极响应，从而使自己陷入窘迫、尴尬的境地，伤及自己脆弱的自尊心。另一方面，内向者往往对主动交往有很多误解。比如，有的会认为"先同别人打招呼显得自己低贱"，有的还会认为对方一定"不怀好意"，等等。

但是不要忘了，现实生活中，每一个人都有交往的需要，你主动而别人不采取响应的情况是极其少见的。因此，内向者们的第一种担忧是没必要的。试想，如果你走在路上，有人主动对你打招呼，你会采取不理睬的态度吗？答案是否定的。因此，当你尝试着主动和别人打招呼、攀谈时，你会发现人际交往是如此容易。关于第二种想法，纯粹属于缺乏根据的误解。因此，当你因为某种担忧而不敢主动同别人交往时，最好去实践一下，用事实证明你的担心是多余的。

当你做到了这些，当你扔下这些人际交往中的悲观思想，根据上面所指出的一些方法不断地尝试，那么你与人交往的成功经验就会慢慢地积累起来。这样一来，你的自信心就会增强，人际关系也就越来越顺畅。

## 找到自己的优势，克服"人群恐惧症"

心理学上有一种病症叫作"密集恐惧症"，即面对密密麻麻的物体会有本能上的排斥、惧怕的反应，有些人看到一堆密密麻麻蠕动的幼虫会失声大叫，吓得不敢走路。在人际关系上，也有类似的症状叫"人群恐惧症"，即在陌生的场合，面对形形色色的人，有些人会出现暂时性失语，完全发挥不出平日的水准。

"人群恐惧症"的深层原因在于对自己的不自信，因为不知道对于自己说的话及做的事会令面前的陌生人做出什么样的反应，如果在这么多人面前丢脸，自尊心便无法承受。越是在乎自己是否表现良好，越是容易出状况。有些成绩优秀的毕业生通不过面试关，就是因为他们害怕面对陌生人、害怕在人群之中表现自己。

在人群之中还有另外一种情况：面对人山人海的人群，人们会觉得自己渺小无比，觉得自己做的事没有任何意义，眼前的人似乎都比自己厉害、比自己幸运，这就是从一个极端到了另一个极端、从不自信到否定自己。其实，你不知道别人的生活如何，在很短的时间内就认为他人很幸福，是因为你对自己的生活太不满意，因为不满意，所以不愿意多说，害怕多说成为一种无意义的炫耀。

晓雨是一个"人群恐惧症"患者，她最怕人多的地方，每到人多的场合，她就会手心出汗、心里发慌，甚至出现呕吐反应，她对朋友说起自己的苦衷，朋友听了之后肯定地对晓雨说："那只是你自己的心理障碍，是一种错觉，不然，你每天都坐地铁，地铁里有那么多人，你岂不是要天天晕倒？"

晓雨静下心来一想，觉得还真是这么一回事儿，她害怕的并不是人群，而是很多人在一起，她又必须说话、必须与人互动的那种紧张状态，一到这样的场合，她就全身不自在。她还记得上班的第一天，所有的新员工都要作自我介绍，对着几百个新同事，别人都能侃侃而谈、说自己的情况，她却站在讲台上直哆嗦，结结巴巴地说了自己的名字之后就走了下来。

"下次对着别人说话时，你不要太紧张，把他们当作白菜就行了。"朋友为晓雨支着。晓雨知道事情不会那么简单，但她很想试一下应对自如的感觉。

"把他人当成白菜"是一种简单易行的克服"人群恐惧症"的方法，特别适用于演讲场合，舞台上的演员面对成百上千的观众，把握着来之不易的演出机会，肯定比生活中的我们更紧张，为什么他们能够收放自如？就是因为掌握了这种方法，他们不去想观众席上的人，而是一心一意地做自己的事，渐渐地，别人的目光再也不能影响他们。

对于内向者而言，"接受人群"与"被人群接受"同样是个难题，前者的难度更大于后者，因为他们本身的优秀内质可能让他们早早地被其他人认可，进而对他们宽容呵护，但在有的时候，他们由于不能展示自己，而使人们对他们存在偏见。这个时候，"接受人群"就更为重要，不能一看到人群就想晕倒，而是要主动地走进人群，"对症下药"，克服"人群恐惧症"。

**1. 人心复杂，要接受人的多面性**

内向者不喜欢与人群接触，因为他们的性格中有过于单纯的一面，不能应对社会的复杂性，他们很难接受人前一种态度，人后却变成另一种态度的现象，这让他们对于他人抱有一种本能的不信任，并怀疑接近自己的人是否出于某种目的。

但是，人本身就是多面的，有些人可能并不喜欢一件事物，但为了某个目的，他可能会接受本不喜欢的东西或行为，这种前后不一致并非人格问题，只是一种权宜之计，如果不能体会其中的区别，看世界的眼神就会始终是怀疑的，无法区分他人的真心和假意。只有接受人的多面性，才能做到真正的客观，这是内向者必须克服的交际障碍。

**2. 不要太在乎别人的眼光**

人前害怕，害怕的其实是他人对自己的评价，但是，你就是你，他人的评价有那么重要吗？没有。他人的评价代表不了你的能力，他人的夸奖不能为你增加实质性的资本，他人的批评也不能减少你的能量，那么，你为什么要害怕他人？

你害怕的也许是自尊心受损，但一个人的自尊心应该建立在自己的基础上，而不是他人的一两句空话上，他们看的、说的只是一时，你的成功、失败也只是一时，不要过分看重才能有更大的发展空间。

**3. 在人群中寻找自己的位置**

一位名人说："垃圾其实是被放错了位置的宝贝。"很多时候，我们不敢面对人群、不够自信，只是因为我们不确定自己的位置，如果将你放在领导位置上历练一段时间，你也许就会具有领导的风范，像个统帅。这个位置有待于你自己去发现，就像拿破仑说的："不想当将军的士兵不是好士兵。"你要不断突破自己，才能拥有更强的自信。

　　一旦你在人群中确定了自己的位置，你就会明白自己的优势，敢于并善于发出自己的声音，你会明白在某一方面，你的确还不如人，但在另一方面，你比他人强很多，所以你不必轻视别人，也不必担心别人轻视自己，社交的本质是一种互补与交换，当你盯着别人的优点时，别人也正用欣赏的眼光注视着你。

## 第十二章 修炼二
## 害羞：打破心灵的藩篱、自我的囚笼

### 其实每个人都是不完美的

由于自尊心的驱使，我们每个人都希望在他人面前展现出智慧、聪敏的一面，都不希望在人前出丑。但是不管是谁，都或多或少地有过当众出丑的经历，比如人前摔跤、叫错人名、没拉拉链，等等。

对此，外向性格的人可能不会太把这当回事儿，会认为过去也就过去了，但是内向性格的人更容易为之计较，在心里留下难以抹去的阴影。比如，一次部门会议上的张口结舌却搞得自己走在大街上都恨不得用帽檐遮脸，那是其将此一"点"丑弥漫成一个"面"，而走向了对自我的全盘否定。这在心理学上叫"泛化"。

其实，出丑并没有那么可怕。也许是因为自己的胆子太小，也许是太在意自己的完美，所以才会战战兢兢、如履薄冰。其实，每个人都是不完美的。所以，在这一点上，内向者有必要放下那些太过完美的追求，接纳自己，而不去计较这些所谓的出丑经历。

索菲雅是个澳洲女孩，她的法语很一般，但她在去年暑假还是毅然飞往法国。周围的朋友得知这一消息后纷纷告诫她：巴黎人对不会讲法语的人是很看不起的。

但是，索菲雅仍然坚持在巴黎的各个地方用有点儿蹩脚的法语和别人交谈，她不怕自己结结巴巴，不怕语法错误。因此，她也丝毫不觉得是在出丑。索菲雅甚至还发现，当法国人对她说出来的虚拟语气很是震惊的时候，他们热情地向她伸出手来，因为人们被她的"快乐心态"给感染了，从她对生活的热爱和乐趣中感受到了快乐。

看得出，索菲雅是个不怕自己"出丑"的女孩，而现实的结果也并非别人"告诫"过的那样，其实这个结果都是她用自己的表现换来的。我们每个人又何尝不可以如此呢？所以，我们不用害怕出丑，不用害怕说错话，人生的舞台上没有配角，没有谁天生就是配角，只有弱者才会甘愿做配角。不过，并不是对于所有的出丑我们都没必要在意，有些时候的"出丑"还是有必要引起我们的注意的，它或许是在向我们发出的一种提示。那么，无论是哪种情况，我们都希望能够让出丑这件事的负面影响最小化，让自己的内心不会为此纠结太久。

那么，当我们真的当众出丑时，应该怎么办呢？在此总结了几个方法，让大家掌握几招"糗事"化解术。

**1.保持情绪稳定**

遇到糗事先不要心慌，因为心慌会让看你笑话的人觉得你懦弱，而且也会让你更容易出错。如果你能保持镇定，那么就会让看到你出丑的人也觉得此事不严重。

**2.巧妙地运用幽默**

弗洛伊德说："最幽默的人是最能适应的人。"摔倒后爬起来问问别人"我的屁股摔成两瓣了吗",这可能会让你的印象分扭亏为盈。或者,当一个淑女跌了一跤,可以对周围的人说一句:"什么人都会跌跤,但我起来的姿势还是比较淑女的。"

**3.将计就计**

有些时候可能由于紧张或者疏忽会出现一些口误,比如你不小心把"总经理"叫成了"总理",这时候,为了化解尴尬,你可以表达出你对两者同样的尊敬。

总的来说,出丑在所难免,你只要别太在意,轻松面对就行了。实际上,出丑未必就是坏事,心理学研究发现,比起那些无可挑剔的人来说,有些小缺点的人更显得真诚、可信。

所以,当你当众出丑的时候,要正确地认识它,尽量淡化它。如果有必要,再用上面的方法调节一下,那么你就可以顺利地化解当众出丑的难堪了。

## 如何战胜羞怯心理

羞怯心理在许多内向者身上存在。他们在交往过程中能感受到明显的生理症状，比如心跳加速、脸红、思维混乱、语无伦次、举止失常等。紧张是羞怯的主要反应，而脸红是最常见的外部表现，这种不适感会在遇到权威人士或心中暗恋的异性或处于大庭广众面前时更容易发生。

就心理感受而言，内向者所具有的这种羞怯心理会让他们在做错了什么事或者说错了什么话的时候觉得一定被别人看在眼里了。他们觉得他人都知道在某种场合如何应付、如何听懂别人的话，只有自己不知所措，不知道如何理解这个情境，好像连别人说的话都听不懂了，只想赶快逃离这里。

由于内向者本身自尊心极强，对自己的形象也极为敏感，因此，在与人交往时便常常紧张得手足无措、前言不搭后语，事后又特别讨厌自己的这种表现，于是在下一次交往时就会表现得更加羞怯，从而更加害怕与人交往。

为了让自己轻松、潇洒地进行交往和生活，羞怯心理是必须克服的。那么，怎样才能克服羞怯心理呢？

### 1.了解自己产生羞怯的原因

羞怯者大多内向，我们很少见到一个个性爽朗的外向者感到羞怯，所以说，性格和这种羞怯心理还是有着极为密切的关联的。当然，除了性格使然，还有很大一部分因素是来源于小时候的家教方式、个人的学习和生活的经历以及与周围人们的交往程度，等等。

所以，我们有必要认真地剖析自己，这样才能更深刻、更全面地了解自己，从而找到形成自己羞怯心理的原因，让自己有意识、有针对性地加以克服，进而早日走出羞怯心理的阴影。

### 2.鼓起勇气，不怕失败

俗话说，万事开头难。克服羞怯也同样如此，内向者容易感到羞怯，其实主要还是因为缺乏勇气、害怕失败。但是你要知道，羞怯并不代表你不行，更不代表你肯定会失败。所以，遇到事情，你要采取主动，敢于迈出第一步。这样，你就会感到羞怯并不可怕，就会在成功的交往中受到鼓舞。当你大胆地与他人交往时，便会发现原来你所面对的要比你想象的简单许多。

### 3.多一些自信

内向者给人的感觉多是不够自信，因为不自信，也就更不爱与人交往。可是你要知道，自信是人生中最为宝贵的财富，是事业成功的催化剂。因此，在交际中，不要总是否定自己，拿别人的长处与自己的短处比，从而产生自卑心理，也不要把自己不善讲话、不愿行动的理由归咎于羞怯的心理，而应始终保持自信，相信自己的言行会给别人带来启迪和帮助。关于这一点，我们在后面的章节中会有更具体的阐述。

### 4.不要有选择地交往

我们注意到，外向者大多是"见面熟"，也就是即便是当他们进入一个新环境、接触一个陌生人时，也很容易融入其中，和对方打成一片，但这对内向者来讲却是很难办到的事，他们会把自己的眼光局限于周围与他们常有来往的朋友或者同事身上，这样一来，也就失去了很多与陌生人尽快熟络的机会，也失去了融入新环境、结交新朋友的机会。因此，要想战胜羞怯心理，内向者很有必要学会利用一切可能的机会与周围的人进行交流，如此一来，你便会发现，原来自己也是这么受欢迎的，自己也是能和陌生人攀谈的。那时的你肯定会为自己感到骄傲。

**5.练习说话的技巧**

由于内向者追求完美、害怕出丑等性格特征，致使他们不敢在大庭广众之下发言，生怕自己说得不得体。可是他们在熟悉的朋友身边时，就口若悬河，毫无羞怯情绪。其实，这主要还是因为他们讲话技巧不够纯熟。要想克服羞怯心理，你就要练习讲话技巧，比如，在各种场合发言前都应做好万全的准备，哪怕是自言自语地进行不懈地反复练习也好。这样一来，你就能做到临场不惧、应付自如了，而在下一次遇到这种情况时，也就不会产生心理负担。

此外，在日常工作和生活中，不失时机地进行发言对锻炼自己的口头表达能力是很有帮助的。如果第一次、第二次失败了，也千万不要气馁，把它当成垫脚石好了，这样羞怯感就会慢慢地离你而去。

**6.放松自己的紧张神经**

当内向者与不甚熟悉的人交往时，更容易产生羞怯心理，但如果能试着放松自己紧绷的神经，也许就会有意想不到的效果。比如，当你处于羞怯和懦弱的紧张气氛之中时，用玩笑的方式来自我解嘲；当你脸红时，应尽量忘却它，不要担心别人是否在意；当你受到批评指责时，也不要心生恐惧，要理解失误在所难免，等等。只要能够做到在各种场合都能使自己的紧张情绪放松下来，那么你离彻底克服羞怯心理也就不远了。

事实上，羞怯心理并不是无法克服的，它也不是内向者的"专利"，只要你愿意敞开自己的心扉，就能够在交往的过程中找到驱赶心中羞怯的办法。方法从来不是固定不变的，你要学会在自己的交际实践中不断积累，从而总结出成功的方法和技巧。

## 不做羞答答的"玫瑰"

十多年前，一位中国台湾歌手唱过这样一首歌："羞答答的玫瑰静悄悄地开……"优美的歌声诉说着情窦初开的女孩子在恋人面前的娇羞模样。而在现实生活中，这种"羞答答"的感觉会在很多内向者身上体现出来。

如果注意一下，我们会发现这样的现象：有的人因为怕在路上碰到熟人而故意躲避；有的人在大庭广众下讲话就会脸红心跳。这些都属于心理学上的怕羞心理，而且多发生于内向者身上。

其实，导致这些人羞涩的原因主要是内向性格的人给了自己太多的心理负担，他们可能常常会因为在众人面前说话而脸红，或者常常会在众人面前紧张，所以总想逃避这种场合，这样反而使原本就害羞的性格变得越来越羞涩。

在人际交往中，羞怯心理会影响个人魅力的展现。这就好比商品的广告，如果你总认为酒香不怕巷子深，那就错了。再者，你也不希望自己一辈子都躲在一个角落里，被人遗忘。正如一位心理学家总结的那样：一些人过度在意"自我形象"，唯恐言行有误、被别人耻笑，导致心理负担过重、作茧自缚、举步维艰，整日陷入紧张与羞怯之中。最终，自己打败了自己，影响工作和生活的质量。

如此看来，性格内向的人还是应尽量让自己甩掉那些心理负担，大大方方地和别人交流吧，否则，一朵静悄悄地开放的"羞答答的玫瑰"，即使再美也不会有人理睬，到时候只能孤芳自赏、对影自怜，岂不悲哀？

妍妍是个娇羞的女子，在办公室里经常是一天也说不了半句话。她只会默默地做完自己的事，然后下班回家。中午吃饭的时候，她也总是独来独往，从不和大家一起。公司有什么活动，她也总是找理由逃脱。除非是必须参加的活动，否则她不会露面，即使去了，她也是默默地坐在角落里，不想引起别人的注意。

因为她的这种性格，同事们都认为她不合群，也有的同事觉得她太高傲，这使妍妍没有一个好朋友，即使一开始的时候对她关心的几个同事也渐渐地因为她的疏离而慢慢疏远了她。

其实，妍妍的内心很苦恼，她也想摆脱这种状况，可就是改变不了。

像妍妍这样的人在我们的生活中虽不是特别多，但害羞的特质在不少内向者身上还是存在着的。因为害羞，他们交不到朋友；因为害羞，他们的才华缺少了施展的空间；因为害羞，他们前进的旅途总是磕磕绊绊、障碍重重……

可见，无论在生活中还是职场里，羞涩会阻碍你展现自我，就算你没有惊艳的容貌，但你可以有自己的气质，你可以展示出自己最自然的那面。

那么，像故事中妍妍这样羞涩的内向者应该怎么摆脱自己的这种心态呢？在此，为内向者们提供了几个方法，希望能够帮助到大家。

**1.首先要接受自己害羞的性格，不要逃避，更不要怨天尤人**

在人的性格特征中，有一部分是先天的，另一部分是后天形成的，而且性格的形成通常始于早期，所以，不要抱怨，更不要逃避，抱怨和逃避都不能帮你解决根本的问题，就算你逃避，你害羞的性格还是会存在的。

正确的做法是：你要先承认自己的性格内向，但不要排斥，而应该接受。为此，你不妨多看看内向性格的好处：内向的人更容易获得知识，更善于思考；而外向的人容易在行动中学习和成长，这一点是内向的人需要学习的。当你看到自己性格的优势和其他性格的优势时，就尽量向别人学习自己所欠缺的，并把自己的感受和体会讲给周围的朋友听。这样，从朋友圈开始，再慢慢扩大到陌生人，你就可以逐渐摆脱羞涩的性格了。

**2.为自己制订一个计划，并一步步地去执行**

现代社会，人与人之间的交往渠道和交往空间都很宽泛，你可以通过网络交朋友，也可以通过工作圈、同学圈等交际圈交朋友。羞涩的内向者不妨为自己设定一个交往的目标，比如，在一两个月或者半年的时间里，自己要和哪几个熟悉的朋友联络一下感情；在公司会议或者其他活动中尽量争取发言的机会，哪怕只说一句话，对你来说也是巨大的进步。这样的机会可不要放过。

**3.用最真诚的心对待他人**

交朋友离不开真诚相待。要想交到朋友，你就要将心比心，只有你拿出自己最真诚的一面，对方才会被你感染，同样对你以诚相待，这样就建立了相互的信任，你就交到了一个真正的朋友。

如果按照上述方法逐步实践，那么经过一段时间后，你就会发现自己开始喜欢参加社交活动了，而且有越来越多的朋友开始围绕在自己周围，这时候，你的交际圈自然就扩大了，羞涩心理也就不复存在了。

## 自我减压可以减掉"害羞心"

在现今这个复杂的社会中，我们免不了会遇到这样或那样的压力。而在生活的重压下，外向性格的人或许更容易坚强乐观、充满干劲；而内向性格的人则较容易闷闷不乐、怕这怕那。

因此，要想摆脱害羞这种负面情绪，每一个内向者都要学会管理自己的情绪，而自我减压就是管理情绪中很重要的一步，它可以为我们给压力找到一个合理的宣泄出口，从而让我们更轻松、更从容地面对生活。

韩小倩是一个河北姑娘，6年前，她在亲戚的介绍下来到北京工作。一开始，她很庆幸自己能找到一份律师事务所的文秘工作。

然而，工作之后，她发现种种问题接踵而至。由于她性格内向、和人交流时总是很害羞，导致同事们并不怎么喜欢她，而她也无法融入工作环境，这让她工作起来非常痛苦。对韩小倩来说，那是一段痛苦的折磨，她每天加班加点到深夜，第二天还要受到上司的严厉训斥，时间久了，她感到心理压力非常大，每天都担心自己会被辞退、别人不喜欢自己。在这种巨大的心理压力下，韩小倩得了一场大病。有一天，她忽然发觉自己的头发比以前稀少了，没多久，她发现本来浓密的头发竟开始大面积地脱落，最后变得非常稀疏。

这让韩小倩担心极了,她根本不敢出门见人,只好选择辞职,从那以后,她开始四处求医,但却不能痊愈。

正值芳龄的韩小倩甚至不敢看镜子里的自己,她害怕极了,对整个人生都充满了恐惧。后来,在家人的建议下,韩小倩去看了心理医生,心理医生开始教她尝试各种减缓压力的方法,结果竟取得了意想不到的效果。在心理医生的指导下,韩小倩戴着帽子站在镜子前,看着镜子里的自己,她觉得自己的面容很漂亮,于是陶醉在对自己的欣赏之中,丝毫不去想自己那快要掉光了的头发。

经过两周的治疗,韩小倩的头发居然开始慢慢地长了一些出来,一年以后,她终于恢复了以前的满头秀发。经过这次磨难,韩小倩体会到压力过重的危害性,学会了用心理暗示来化解压力的方法。两年后,韩小倩成为一名出色的保险推销员。

显然,故事中的女孩韩小倩最终不但为自己的心理减去了沉重的压力,也让自己的性格有了巨大的转变,她已经不再是那个与人说话就害羞的内向女孩了。否则,她又怎么能成为一名出色的保险推销员呢?

其实,像韩小倩这种情况,主要是强加在自己身上的压力导致的。我们知道,压力所引起的抑郁、忧虑、恐惧等负面情绪会引起人体的负面生理反应,特别是肾上腺素的过量分泌会使人体饱受毒性荷尔蒙的折磨,以致导致早衰和工作低效化现象的发生,这样一来,自然也就更加无法顺利地与人交流,也就越发容易害羞了。

当然,这种情况并不是不可改善的,日本学者春山茂雄在《脑内革命》一书中指出,当人处于快乐状态时,大脑中就会分泌出脑内吗啡来。他认为,脑内吗啡可以增加人的免疫力,并让人"返老还童"。春山茂雄还开设了自己的医院,开发出多种精神疗法以缓解压力,其中最主要的就是利导式思维自我减压法以及冥想式自我减压法。

**1.利导式思维自我减压法**

内向者比外向者更容易产生压力，因此也就更需要释放压力，而利导式思维就是一种适合内向者减压的不错的方法。简单来说，这种方法就是引导人们向美好的方向进行思考。比如，让喜欢垂钓的病人回忆鱼上钩的那一刻的情景。当他处于回忆状态时，眼睛内会发出久违了的光彩，脸上也会出现欣慰的笑容，实际上，他的大脑正在分泌出大量的快乐荷尔蒙，他身体的免疫机制也正在逐渐恢复，于是病情得到抑制，身体开始向健康的状态发展。

像上述案例中的韩小倩就是通过这种利导式思维法来给自己减压的，她尽量不去想自己脱掉的头发，而是专注于自己的面容，从而暗示自己很漂亮，通过这种方式来达到自我减压的目的。当你在与人交往的过程中，感觉到因害羞而带来的压力时，也不妨运用这种方法来化解压力。

**2.冥想式自我减压法**

大多数内向者都比较喜欢思考，也可以说他们喜欢"想"，但由于不懂得排解情绪，往往想得越多，越对自己没有信心，这是因为他们"想"得不得要领。今天我们要告诉内向者们一种"想"，就是冥想。

所谓冥想，就是闭上眼睛静思默想，可以把自己的意识放在身上的某个部位，同时把自己置身于宇宙或大自然中。通过这种方法，可以使你静下心来厘清思绪，从而找到解决问题的方法。通过冥想，你可以让自己摆脱烦躁不安的情绪，从而减轻积蓄在心头的压力，让自己从害羞的困境中走出来。

只要你学会自我减压，就不会让害羞的心理无休止地侵袭你的人际交往。通过上面叙述的方法，你可以进行一些相关练习。当经过一段时间的自我减压练习后，你会发现压力虽然还在，但是已经无法使人产生害羞、焦虑等负面情绪。无论是在生活中还是工作上，你都会觉得自己可以游刃有余地应付，而不再是那个一和人说话就脸红的"害羞虫"了。

## 沉默寡言的背后

众所周知，内向者的一个最大的特点就是话少，甚至人们会通过一个人是不是爱说话来判断他是内向还是外向。可以说，"沉默寡言"一词最能够表现出内向者羞于与人相处时的心理状态，它是一种保持沉默或不愿坦言的倾向，除非不得不说，否则他们通常都会保持沉默。

在生活中的很多方面，内向者都有这样的害羞表现：至少有80%的内向者认为，在与人接触中，即便发现了对方的错误，自己也不会说出来；有大约40%的害羞者有这样的典型反应："就算我不能说什么，至少我可以保持沉默。"

可见，内向者要么把沉默当成了自己的"标签"，要么把沉默当成了安抚自己的"挡箭牌"。

然而，事实上，这样的沉默者对其交际效果来讲很难产生正面作用，相反，很可能会给对方留下"这个人太闷，不好接触"、"这人的表达有问题"等印象。

内向者为了让自己的内心放松、形象"圆满",会躲避与他人有过多的接触,当受到邀请参加某项活动的时候往往会不太情愿。

秦浩是一位明显具有躲避倾向的内向者。在熟人面前,秦浩还是比较健谈的,但他却不敢在陌生人或者陌生环境里侃侃而谈,而在多数时候都是保持沉默。

在网络日志中,秦浩这样写道:"小的时候,老师告诉我父母:我是他们见过的最害羞的学生。我害羞得连学校的舞蹈比赛都不敢参加,而是躲在教室里待着。我还非常害怕在球赛中呐喊助威,只能小声地吆喝。"看完这段话,我们的脑海里或许会浮现出一个害羞的男孩默默"吆喝"的画面,想来着实有些让人怜惜。

其实,人之所以沉默,多数情况下是因为内心焦虑。而由于内向者总是不能很好地表达自己,所以他们的交际圈非常狭小,办事效率也非常低。

菲利普斯教授和他的同事多年来一直致力于对沉默寡言这种内向行为的研究。菲利普斯在其著作中指出:"沉默寡言不仅仅是指有意地躲避在公共场合发言,而是一个更广、更深的问题。即使教给沉默的学生在公共场合发言的实用技巧,一些人还是不能够和他人顺利地交流。事实上,大约有1/3的学生在掌握了沟通技巧后会更加焦虑。虽然他们已经学会怎样去沟通,但还需要学习沟通的内容以及明白为何要沟通。"

换句话说,要想从根本上改变这种状况,不能仅仅让内向者掌握勇于说话、不要怯场的具体方法,而应从内向者本身的角度考虑,让其学会怎样摆脱那些有可能引起自己害羞的因素。

**1.微笑着暗示别人:我害羞**

在与不太熟悉的人接触的时候,对方不知道你害羞,而你又不想让对方觉得你是故意躲避他时,最好的办法就是微笑着把你的害羞说出来。当然，说这些话时要尽可能短，口吻也要轻松。

### 2.坚决不让家人和朋友说你害羞

往往，和我们最亲的人才会毫不遮掩地数落我们的缺点和不足，比如，父母在我们即将面临一个陌生的场合时可能会说："别害羞啊！"好朋友也可能会说："你有什么好害羞的呢？"这样的说法看似关切、看似体谅、看似鼓励，但实际上他们是在推波助澜。这并非是在帮你，而是在强化你的害羞特征。如果他们在背后议论你的害羞，那就更加糟糕了。所以，对于亲人朋友们的这种"关怀"，还是制止为妙。

### 3.当暗自反省的时候，坚决不说"我害羞"

当你面对自己的时候，或许才能发现最真实的自己。这时候，一些内向者或许会为自己的害羞而耿耿于怀，甚至厌恶自己的这种表现，为此，他们会在心里一遍遍地说"我害羞"。尽管这个声音很小，听上去也很讨厌，但它的力量却无比强大，因为它可能会为你贴上你所不喜欢的"标签"，从而摧毁你的自信。所以，要想克服害羞的毛病，敢于让自己站出来大大方方地与人交流，那么就永远不要对自己说"我害羞"这3个字，而应告诉自己："我心里有个羞怯的克星，它很快就会发挥威力了。"

请相信，当你能够克服害羞心理时，你就可以大胆地走到众人中间轻松地与人交流，而不是贴着害羞的标签，让自己陷入日复一日的沉默寡言之中。

## 不做抑郁"病毒"携带者

如果提这样一个问题:"你认为内向的人最突出的特征是什么?"恐怕70%以上的人都会回答:"多虑、忧郁。"多愁善感是内向者的重要标志。多数内向者都有多愁的一面,有些人的多愁表现在脸上,像《红楼梦》中的林黛玉,整天以泪洗面、伤春悲秋;也有些人把多愁压在心里,实在压不住的时候就会诉诸笔端,写很多忧郁难平的文字。内向者不喜欢倾吐,导致他们的愁思得不到及时发泄,很容易在心中郁结。

内向仅仅是一种性格,无关乎优劣,内向者有天然的优势,通过情商的培养,也能够在外向世界畅通无阻,但是并不代表人们可以放任自己的内向,对自己内向的性格置之不理,不管什么性格,到了一定程度就会走向反面,适当的忧郁也许能让人深思熟虑、充满艺术性,但过度的忧郁却会让人伤及身心。

对于内向者来说,自闭和抑郁都是必须警惕的情绪。自闭是指在认知能力、语言能力和人际交往能力方面皆存在问题;抑郁主要是由心理原因引起的长时间的情绪低落,以致影响身心健康与正常生活。其中,抑郁是都市高发疾病,每个人都有抑郁的可能,特别是那些内向者。

进入青春期的女孩每天都有很多心事和曲折的情绪变化,内向的女孩更是如此。

小涵是一个内向羞涩的女孩，上了高中后，她每天都在写日记，她每天都要写上几篇文字以倾吐心中的不安和学习、生活中的烦恼，一边倾吐，一边又怕让别人知道。她变得多愁善感，经常很早起床，一个人沿着街道流眼泪。她渴望有几个知心朋友，但又不喜欢主动与别人接触，更不喜欢参加集体活动，也不愿上网交朋友，她总是觉得别人不理解她，甚至轻视她。

半年后，她越来越沉默，学习成绩也随之下降，父母担心不已，带她去看医生，医生说："这个孩子有抑郁症倾向，可以开一点儿药进行控制，最重要的是，让她不要有太重的心事，否则随着病情的发展，可能会出现更严重的状况。"

一个好端端的花季少女，因为内向、无人理解而导致性格慢慢变得极端，甚至猜测他人轻视自己，这就是由多愁善感转为抑郁症的真实事例。多数情况下，感觉被轻视是一种不自信的表现，这样的少女倘若有几个好朋友，能够及时跟家人说说心事，就不会演变到如此地步。

抑郁是现代人需要警惕的病症，因为现代人的生存压力大，每天都要面对很多烦恼，一不小心就会像故事中的花季少女一样走入心理误区。这种阴暗的负面情绪需要及时摆脱，以免酿成大害。那么，在日常生活中，如何避免走入抑郁的圈套呢？

**1.要调整自己的期望值**

人们习惯祝福亲友"万事如意"，也希望自己的生活能够"万事如意"，但实际的情况是生活很难尽如人意。在多数时候，你的生活充斥着各种各样的不如意，你期望的事常常落空，这种心理落差有时会成为抑郁的根源。

要让自己习惯这种情况：生活不可能一帆风顺，你不能样样出色，不可能让所有人喜欢你。同时要明白：你很优秀，至少在经过你努力的方面是出色的，而且有很大的进步空间；你身边的人大多喜欢与你接触，说明你是个有魅力的人，当然，你还能做得更好一些，让更多人认同你……合情合理的期望值是保持心理健康的关键。

**2. 要懂得宣泄不良的情绪**

抑郁症之所以产生，一是因为自己太爱钻牛角尖，陷入某种情绪中出不来；二是因为内向者不喜欢与人倾诉，别人也无法及时发现，从而帮他排解。有抑郁倾向的人不可忽视日常交往的重要性，一次推心置腹的谈心也许会让你释怀多日的不快，让心情重新开朗。

如果你还是不愿意与人倾诉，不妨借助运动宣泄心中的压力，当你气喘吁吁地跑完一次马拉松，你会觉得体内的不安和紧张都随着汗水排了出去，剩下的是身体的疲惫和心灵的轻松。运动减压是很好的排解方法，它既能让你的心灵健康，也能使你的身体健康。

**3. 要建立和谐友好的人际关系**

据科学观察，有和谐人际关系的人很少把忧郁发展为抑郁，因为他们始终生活在一个友好、友爱的环境中，他们的心灵一直充满着阳光，在遇到困难和不快的时候，有人会及时帮他们开解，他们也愿意将自己的委屈向人倾吐。

和谐的人际就像一个温暖的房子，平日，你需要打理它、维护它，风雨到来的时候，你会发现自己有一个温馨的避风港，你的朋友、家人不会让你孤独。总之，内向者虽然容易被忧伤侵袭，但他们不是天生的"抑郁病毒携带者"，只要懂得调整自己、适应环境，你就会获得最佳的身心状况，即使有忧愁，也是小风小雨，心灵的阳光会转瞬即至。

## 重燃自信，摆脱负面情绪的纠缠

负面情绪有很多种，因生活不如意，心中产生抑郁，抑郁会导致心灵暗淡无光；因为受到某些挫折，心中产生迷茫，觉得自己前途无量；做事总是不顺，以致事事消极悲观；长久地压抑，造成自己容易发怒；听不进别人的意见，导致固执己见，无法与他人合作；因为某些伤怀的往事，长久地沉浸在悲伤中……这些负面情绪，人人都曾面对。

负面情绪不难理解，却很难应付，有过负面情绪的人都有这样的感觉：负面情绪总是摆脱不了，它们像烧不尽的藤蔓，一不留神就又缠在身上。有时候明明觉得自己已经想开了，但看到某个人、听到某首歌，那些情绪又回到了自己身上，觉得自己好像比从前更加苦恼，而且越发暴躁。负面情绪能够操纵人心，有时甚至会毁掉一个人的生活。

事实上，很多负面情绪只是一种强烈的心理暗示。抑郁时，情况没有你想象的那么糟糕；迷茫时，只是因为你不肯选择一条路；悲伤时，只因为你始终放不下……有时候，负面情绪的产生是源于自己跟自己为难，并不是你真的到了山穷水尽的地步，一个人一旦跟自己过不去，即使出现值得高兴的事，他也会看不见、听不到，一味地沉浸在自己的世界，内向的人尤其如此。

一个性格内向的人正在和友人倾诉自己的苦恼:"最近,我总是在想活在世界上到底有什么意义。我觉得我并不是厌世,我依然努力地工作、努力关心他人,但我很希望自己不必面对这个世界,我觉得我对任何人都没有特别深厚的感情。

"我很怕和别人比较,因为所有人看上去都比我强。外面的世界看上去太复杂,我不适应。我很怕向别人问问题,害怕他们说:'怎么连这么简单的事都不会做?'在工作上,我也只能得过且过、混一天是一天。我很怕被人了解自己的一无是处,所以更加努力地避开别人。

"我很希望摆脱这些想法,我也很想像其他人那样,积极、认真地对待生活,这样才能享受生活的乐趣,可是,每天早晨我都会被自己的负面情绪击倒,继续浑浑噩噩地度过一天。我不知道这种情况要持续到什么时候,也不知该如何改变这种情况。"

仔细分析上面这些话,会发现负面情绪的确严重干扰了人们正常的生活,让人的心灵越来越灰暗,另一方面,负面情绪大多来自人们的心理作用。可以看出,这位内向者在现实中是一个工作努力、人缘不错的人,他每天都在付出努力、付出情感。也许是因为付出与收获的不平衡,也许是因为他对自己期望过高,以致产生心理落差。负面情绪一旦延伸,就会使人变得既不知道如何爱自己,也不懂得如何爱他人。

不要让负面情绪剥夺你获得快乐的机会,人生短暂,睡眠、工作、学习占据了我们大部分的时间,这中间有多少事能使你快乐?如果再钻入情绪的牛角尖,每天把自己关在负面的牢笼里,你的人生就会变成枷锁,越来越重,那么,活着不就成了受苦、受罪?人生会有不快,也会有快乐,关键在于你是否拥有健康的心理。心理健康,看事情就会客观;心理偏激,看事情也会片面,容易陷入痛苦。那么,如何拥有健康的心理呢?

**1.事业是强心剂**

事业是人生的支柱，是一个人价值的直接体现。事业无论大小，只要付出努力，都能让人的心灵有所寄托。只要有事业，就会有转机，就会有获取成功的资本，在任何时候都不要轻易轻视、抱怨、放弃你的事业，这是保持健康心理的关键。

当你悲观消沉、不想做任何事的时候，一定要强迫自己动起来，哪怕是做一件简单的小事，也要把它当作事业那样制订计划、按部就班、检查成果。保持事业心，就是保持一种忙碌的生活状态与惯性，让你在任何情况下都能充实自己。有事业心的人，永远都不会软弱。

**2.难过的时候更要打起精神**

人生起起落落，难免经历失意。不如意的时候，很多人选择消沉，其实在这个时候，人最需要的是韧劲儿，不要被困难压倒，也不要因一时的失败而失去信心，把失败的地点当作新的起点，重新出发，这是成功者具有的素质。

内向者更容易沉浸在个人感情中，因此，他们更容易消沉。在困难的时候必须提醒自己打起精神，强迫自己尽快振作，要相信什么困境都能走出来。要告诉自己，事已至此，没什么大不了的，一切都可以重新开始。

**3.多多参加户外活动**

当负面情绪蔓延时，你需要到大自然中对你的身心进行一次调整。在阳光中，不良情绪很容易蒸发；看到微风细雨，就会心境平和。大自然的美景能够怡情养性，看到大海的广阔，就会让人觉得自己的烦恼不过沧海一粟、无足轻重。此外，多多参加体育活动也是活跃全身细胞、保持活力、保持心理健康的好办法。

**4.学会转移注意力**

怡情养性是很重要的一件事,读书、看报、养花、下棋等活动虽然简单,却能转移你的注意力,让你暂时离开负面情绪,沉浸于愉悦的精神世界中。

负面情绪最大的影响莫过于使人们对自己的人生完全失去信心,这时候,一定要抓住那些能让自己重燃自信的东西,哪怕是小学时的一张优秀的成绩单,都能让你回忆起过去美好的时光,这时候你会由衷地觉得,你曾经拥有的,未必今后不能拥有。人生的路还很长,一切皆有可能。

# 第十三章 修炼三
# 自卑：唤醒心中沉睡的狮子

## 肯定自己，拔掉自卑这株毒草

内向性格往往伴随着自卑。自卑，就是指一个人过分低估自己的能力，认为自己在各个方面都不如别人。在他们眼中，别人是高大的，自己是渺小的，他们认为自己的一切努力都是微不足道的，别人的幸运是理所当然的，自己的不幸也是理所当然的。他们在内心深处始终存在抱怨的念头，抱怨自己什么都不好，继而抱怨父母没有给自己好容貌、好家世，环境没有给自己好机会，甚至抱怨老天没有给自己一帆风顺的命运。

导致很多人内向的原因源于一种深层次的自卑，因为始终受自卑心态的困扰，导致他们在别人面前抬不起头。说话的时候，总是觉得自己说的话不会令别人感兴趣；做事的时候，觉得自己的功劳不如别人、方法不如别人，于是便不敢积极地表现自己。

自卑的人常常轻视自己，他们认为和自己有关的一切都是差劲的，别人的都是好的，即使他们取得了不错的成绩，也不觉得高兴，而认为只是自己太幸运，完全不会想这是靠自己的努力得来的。自卑者的心灵就像长满毒草的花园，花园中的植物连呼吸都困难，更不要说繁茂成长，这是自卑者始终不能很好地展现自己的原因。

人们都说王洁是个好妈妈，她的女儿皓皓是个小大人，走到哪里都充满自信，在学校当班长、当大队长，成绩突出，任何时候都很显眼，街坊邻里的妈妈们都来向王洁取经，问她如何将孩子培养得如此健康、自信。

王洁说她没有什么秘方，就是在日常生活中经常鼓励孩子，经常对孩子说："你一定能做到，去试试！"带她去做各种各样的事，久而久之，原本胆小的孩子便变得越来越活泼。

还有一个原因埋藏在王洁心里，她不愿和任何人提起。王洁从小就是个内向又自卑的女孩，她羡慕女同伴们梳起来的漂亮发辫，自己却从来不敢这样梳头发，害怕被人笑话；她的成绩中等偏上，总是认为自己太无能，比不过那个总考满分的班长；她在任何时候都不敢说话，久而久之，别人也不爱跟她说话，这让她觉得大家都讨厌自己。

上了大学，她喜欢班上的一个男生，那个男生最初对她也有些好感，可是，当那个男生约她出去玩，她因为太过自卑，每次都拒绝，后来那个男生成了别人的恋人……王洁认为自己一辈子都被自卑伤害，她坚决不能让自己的孩子也尝到这种苦头。

有的时候王洁也会想，假如小的时候，她身边有一个不断鼓励她的人，或者她懂得自己鼓励自己，生活会不会是另一个样子？她会不会也像女儿皓皓那样变成一个自信、充满魅力的人？

王洁是个典型的自卑者，因为自卑，她始终得不到想要的东西；因为自卑，她觉得自己低人一等；因为自卑，她成了一个平庸的人……她不希望女儿的一生也如此压抑、无趣，所以她下决心一定要培养孩子的自信。其实，当王洁费尽心思培养孩子、以自己的孩子为骄傲、把自己的教育理念告诉别人时，她已经在某一方面成功地摆脱了自卑。由此可见，只要方法得当，一个自卑的人就会在不知不觉间变得自信。

自卑有时候带着潜伏性，取得一定成绩的人可能因为一时的风光而忘记了自己是个自卑者，但是，他的某些行为却不断地说明他的自卑。这种心态也会一直在潜意识里影响他，让他体会不到真正的成功的喜悦。了解自己的心态是一件很重要的事，及时根除自卑更是当务之急。你可以对照一下自卑的具体表现，看看自己是否自卑。

### 1.认为自己在某一方面或多方面比他人低一等

这样的人常常让人费解，比如，这些人的外貌可能很出色，但他们总说自己长得不够好；这些人的成绩可能很优秀，但他们总认为自己太笨、成绩太差；这些人的人缘不错，但他们总认为自己没什么朋友……有人认为他们谦虚，有人认为他们虚伪，而他们自己却知道说出来的都是心里话。这三者有什么区别？

谦虚，是在肯定自己的基础上的低调；虚伪，是在肯定自己的基础上有目的的应付；自卑，是在否定自己的基础上的低调和应付。所以，那些明明条件不错却总认为自己不够好的人，可能是极度自卑，以致看不到自己的优点。

### 2.不敢表达，不想与任何人接触

有一些人从来不肯发表自己的观点，向来拒绝和他人多接触，这样的人往往让人觉得太过清高孤傲、难以接近。其实他们的内心深处很想发出自己的声音、很想有很多朋友，但他们总觉得自己的声音难听、观点普通，作为朋友没有吸引力。

其实，别人让你说话，不是为了把这些话当成指导；别人和你做朋友，也不是因为你的吸引力，而是单纯地欣赏你的为人。如果自卑者有一点儿平常心态，生活中就没那么多事值得自卑，人无完人，谁没有缺点呢？

**3.行动犹疑，个性懦弱**

有一些人做事总是不痛快，他们会不断地问自己："我能做好吗？"然后非常肯定地回答自己："我做不好。"他们始终存在着一种失败的心态，认为自己做的一切事都会徒劳无功，于是在行动上，他们慢慢吞吞，甚至不知道自己究竟想不想做事。

他们的个性也很软弱，有什么事都不敢作出决定，总是附和别人的声音，没有自己的立场。即使他们心中有自己的想法，也会认为"别人的更好"而放弃这种想法，他们永远不能做创造者，因为别人的一句话就能让他们彻底否定自己。

**4.忌妒心强，有时喜欢逞能**

自卑的人不会总是一副懦弱的形象，有的时候，他们特别喜欢逞能，看上去甚至有点儿张牙舞爪。看到别人比自己好，他们会说几句酸溜溜的话；如果有人表示他们无法胜任某个工作，他们会立刻愤怒地跳起来，一定要做那个工作，即使明知道自己做不好。

自卑到了一定程度就会变成色厉内荏，他们在心里认定自己不如别人、"没有能力"，但如果别人真的比他们好、说了他们的不是，他们又会忌妒、逞能，这是一种可悲的自我保护，他们小心翼翼地藏着自己的自卑，却没有想过如何改变这种情况。

任何时候，一个忘记自己长处的人都是可悲的，他们忘记了即使自己先天条件不够好，通过后天努力也可以弥补，或者，他们会一边努力，一边否定自己的努力。自卑者的形态永远是黯淡的，他们没有满足感也没有存在感，更没有幸福感，所以，如果你发现自己有自卑倾向，一定要及时调整，增强自己的信心。

## 发挥内向优势，化自卑为力量

  自卑是一种消极的性格，性格上的问题要从心态上解决。有时候，一个自卑的孩子如果经常受到夸奖、取得一定成绩，就能得到一定的自信，加上自己的努力，摆脱自卑只是时间问题。也有些自卑者不吃这一套，他们的自卑情结根深蒂固。

  对于内向者来说，他们的自卑尤其棘手，他们本来就容易钻进牛角尖，一旦形成一种观念，别人很难让他们改变。而且，在对自己的评价上，他们相信没有人更加了解自己。他们认为，别人夸奖自己也许只是因为客套，自己对自己的评价才是最正确的，这种"正确"导致他们一路自卑到底，收集一切有利于自卑的负面因素以加深自卑心理，不自卑不罢休。

  不过，内向者也有很大的优势，如果他们在思考的时候不钻牛角尖，而把自卑当成一种对自己的鞭策，在自己认为不足的方面加倍努力，那么，以内向者比别人更容易集中精力的个性，他们便很容易"化自卑为力量"，成就一番事业。

在古代希腊，人们喜欢聚集在广场，听那些有智慧的人演讲。一天，一个青年上台演讲，他看上去很害怕，向观众行礼时有点儿哆嗦，开始说话后结结巴巴，根本讲不出一句完整的话，在场的听众大为不满，纷纷对他报以嘘声。

青年的自尊心很强，他决定一定要培养自己的勇气，让自己能够在众人面前镇定自若地演讲。他跑到兵营，在刀剑之下练习演讲，对着大海练习大声说话，让自己的声音更加洪亮……青年的不懈努力得到了丰硕的回报，一年后，他变成了另一个人，当他站在演讲台上时，他声音洪亮、字句铿锵、神态坚定，每段话都富有激情，让听众们大为赞叹，这位青年后来成了古希腊著名的演讲家。

内向者有一种优势，他们的注意力往往比其他人更加专注，爆发力也比其他人更加持久，因为他们善于将精神与精力集中在某一点上，如果他们不是那么喜欢神游和独处，他们的潜力便能够不断地被挖掘出来，这是他们显著的长处。就像故事中的演讲家颇有一种百折不回的顽强精神，如果他将这种精神用于自卑，那他的一生将没有希望。

不可小觑精神力，你若一路自卑，自卑就会发挥它毒草般的力量，扼杀你心中的一切希望；你若不服输，自卑就不能压制你。即使你心中始终不能摆脱自卑的阴影，你也是成功的。那么，内向者如何将内敛、羞怯的性格变成一种优势？这需要一定技巧来辅助。

### 1. 为自己的人生制定一个界限

上天赋予我们很多才能，我们能做的事不只一件，取舍是我们每个人都要面临的难题，内向的人因为不喜欢与人探讨、商量，更容易有狭隘、偏激的想法，他们看到的未必长远。所以，经常向有经验的人询问、了解自己更适合做什么、在哪方面能有所成就，就是在给自己寻找一条捷径。

### 2.把目光集中到自己的优点上

一条河流如果流向平原，它能够灌溉、能够发电、能够被人饮用、能够最大限度地发挥它的作用，但是，如果它选错了方向，流向沙漠，它就只能等待干涸。一个人的精力就像流淌的河流，选择一条合适的道路既能壮大自己，又能帮助别人，但是，如果选错了方向，就会浪费自己的才能和时间，导致自己生命的枯竭。

所以，你一定要把自己的人生目标定在自己的长处上，只有你的长处能够保证你最大限度地发挥出你的潜能，让你更加顺利地实现理想。这个长处可能是某种天赋，例如艺术，也可能是某种性格，例如特别仔细的人当了药剂师。每个人都有长处，要将它发掘出来，与自己的未来紧紧相连，这样才能不辜负上天的美意。

### 3.从失败中总结教训，不要被失败打倒

失败有时是导致自卑的原因。失败无疑是对一个人能力的否定，自卑者很容易产生"如果我有××的能力，一定不会失败"。其实，他想到的那个"××"不知经过多少次失败，才得到尊敬与羡慕。从失败中总结经验是成功者的必经之路。

想要得到真正的自信，就要有接受失败的勇气。失败不应该成为自卑的理由，要知道，吃一堑，长一智，这些都是宝贵的经验。当你因为失败而自卑的时候，不如牢记海明威的名言："一个人生来不是被打败的，你尽可能消灭他，但就是打不败他。"

### 4.多跟欣赏你的人接触，从中得到自信

我们活在自己的期望中，也活在别人的期望中，如果有人一直说你聪

明，你就会觉得自己真的很聪明，至少要努力变得聪明，不辜负别人的期望。有些人却喜欢讽刺你，增加你的自我怀疑程度，这样的人对自己的生活也常常存有抱怨，所以你应该适当地与其保持距离。

如果你身边总是有温情和真诚的鼓励，你的信心就会不断地增强。当你自卑的时候，那些相信你、支持你的人就是你最好的加油站，他们会让你重新得到奋发的力量，让你觉得世界上有一些人始终相信你，为了他们，你一定要更加坚强，也要更加优秀。

## 没有什么值得你自卑

有时候，内向者的自卑也不是那么根深蒂固，他们还是能在自己的优点中找到一些自信。自卑只是一种倾向，但是也不要小看这种倾向，生活中但凡有了不如意，自卑者就容易想不开，开始轻视自己，这种想法最初只是一个小小的念头，不过，当不如意的事多了，自我否定的次数也会不断增多，这种倾向便很容易变为难以改变的自卑。

细数一下内向者自卑的原因，会发现其中的重大问题不多，多数原因都很琐碎，甚至有些孩子气，在心宽的人看来，实在不明白为什么这个月没有拿到全勤奖也值得自卑。只能说自卑者太容易给自己找到自卑的理由，遇到什么事都想着自己不如别人、自己的能力不够、自己做得不好。

自卑是一种心态，想要扭转它，要从心理上着手，当你认为自己受到批评和非议的时候，首先要在精神上将这件事"看开"，不要把一切都归结为自己无能、失败，而是要以积极的心态寻找其中值得肯定的方面，以此鼓励自己，这才是健康的心理状态。我们来看下面的小故事。

　　一位父亲下班后回到家中，他的妻子今天加班，还没有回家，做晚饭的任务就落到了他身上。他们的女儿正在读小学一年级，女孩很勤奋，每天回家后，不用督促就自己在房间里做作业、看书，直到父母叫她吃晚饭。

　　然而，今天却有点儿反常，父亲没看到女儿奔过来跟他打招呼，他敲开女儿的房门，看到女儿正在房间里闷闷地坐着，脸上显出郁闷的神情。

　　"宝贝，你怎么闷闷不乐的？"父亲问。

　　"我的老师不喜欢我！"女孩说。

　　"为什么这么说呢？"

　　"今天，我把作业交上去，她几乎在每一个段落都挑出了很多毛病。"女儿说着说着快哭了，"我辛辛苦苦地做出的报告，她没有一句夸奖。"

　　父亲接过那篇报告，上面果然写满了红色的修改意见。父亲肯定地说："你的老师非常喜欢你，她希望你写得更好，你看，她这样不厌其烦地告诉你如何改进。"

　　自卑的人很容易从一点儿小事上推断别人的态度，并且对自己下一个评语，这些态度和评语往往是负面的，甚至是失真的。就像故事中的小女孩，老师并没有不喜欢她，她实际上可能很优秀，而她偏要往坏的方面想，以致增加很多烦恼、降低自己的自信心。其实，换一个角度看事情，事情就会成为另一个样子，烦心的事就会变得舒心。

必须及时扭转自卑倾向，如果凡事都持有自卑心态，轻视自己、看重别人，到手的机会也会拱手让人，从而导致做事悲观、产生不思进取的思想，甚至就此裹足不前。自卑者对什么都不感兴趣，常常觉得焦虑、失望，没有承受的心胸，总之，他们不是成功者的形象。那么，一个内向的、常常不安的人如何战胜自卑呢？

**1.磨炼坚强的心态**

自卑的人最需要什么？坚强。自卑不要紧，就像童话大师安徒生终身摆脱不了自卑，但他同样能做出伟大的成绩。只要你有足够的坚强，就能对抗打击，把自卑变成一种奋进的动力。如果你不愿居于人下，就要付出努力，改变这种状况。

成功者不是天生的，每个人都或多或少地有过自卑意识。能够成为强者的人是因为他们始终具备改变命运的坚强心态。不要总是在别人的话里寻找否定的含义，不要把自己的生活当成一个悲剧，我们活在当下，就是为了改变当下的现状。

**2.要有超越自我的意识**

认为自己的现状不够好的人会有两种结局，一种是听天由命，任由自己消沉，成为一个平庸人；另一种是奋起直追，越是觉得自己不好，越要证明自己的价值，这样的人往往能够超越自己，成为一个成功的人，他们靠的就是一种不服输的劲头。

要在自己最擅长的方面施力，才能达到事半功倍的效果。要有超越自我的意识，但不要以不切实际的目标要求自己。脚踏实地且心怀梦想才是人生的最佳状态。

**3.用行动证明自己的价值**

一个人是否有价值，并不取决于别人的肯定和赞扬。当你的某个行为能够对他人产生益处，你就是有价值的；当你的行为对更多的人产生益处，你的价值就在增大。内向者感到自卑，就是因为他们意识不到自己的行为对他人的影响。

行动最能证明自己的价值，你可以选择一件你认为既有成功的把握又有一定意义的事，获取成功后再去寻找下一件。这就是一个寻找自我价值的过程，也是一个自我增值的过程。与其哀叹自己不如别人，不如用真实的行动弱化你的自卑感，巩固自己的信心。

**4.成功**

任何时候，成功都是自卑的克星，当你取得了一定的成绩，你会发现从前那些谨小慎微的心态对不起自己的努力，你会觉得自信是一件美妙的事，能够让你获得更多的成功。不松懈的努力与由此而来的成就能够抵消你的自卑。

失败的时候，不妨回忆往日的成功，如此就能够唤起自己的自尊心和进取心。成功是一个有诱惑力的字眼，它能让你振作与奋进，赶走失败带给你的影响，构筑你的成功形象。需要注意的是，不要因为成功而头脑发热，适当地"自卑"一下，提醒自己和他人存在着差距，这有助于取得更大的成就。

## 塑造成功者形象，积极展示自己

在人群中，自卑者与自信者有很大的差别。自卑者神色黯然，自信者神采飞扬；自卑者不爱说话，无论遇到什么事都往后退，自信者即使不爱说话，也有表现自己的欲望，无论遇到什么事都往前站；自卑者让人不放心把事情交给他们去做，自信者让人能够信任，也愿意委以重任；自卑者的样子让人们想到失败，而自信者总让人相信他们离成功不远。

成功者最大的特点是什么？那就是无论在什么情况下，他们都能沉稳、自信。想要拥有这份自信，需要长期的实践积累，胜不骄，败不馁，这就需要在任何时候都要努力地表现自己。要知道，机会不会自己找上门来，很多时候需要你去找。在人生的道路上有许多扇门，当你把这些门敲开，总有一扇门里有属于你的机遇。

内向的人很少在人前表现自己，他们自重的性格使他们形成了这样的观念：表现自己就是炫耀自己。他们不爱争取，当机会摆在眼前，他们甚至想要推出去。这其实也是一种自卑，他们觉得自己没有能力胜任，也没有资本炫耀。其实，人与人的条件相差能有多少？差距有时仅仅是一个心态的问题。严峻的现实则是：你不去争取，机会就会落到别人头上。

一个青年到一家公司面试，他对这个公司向往已久，这是一家符合他的专业志向又能为他提供腾飞环境的公司，而他认为自己的性格也很适合从事自己选定的职业。

不幸的是，他乘坐的公交车遇到了堵车，当他赶到公司时，他前面已经排了几十个人，这次招聘的录取名额只有一个，看来，他可以提前离开，完全没有希望了。

想到向往已久的工作因为堵车而得不到，青年人非常不甘心，他坐下来凝神思索：如何能让面试经理注意到他？最后，他想到了一个好办法。

他写了一张纸条交给接待的秘书，请求秘书交给面试经理，秘书不忍心拒绝这个一脸真诚的年轻人。一个多小时后，青年从几十个应聘者中脱颖而出，得到了想要的职位。原来，青年在纸条上写了这么一句话："尊敬的经理，我是第47号应聘者，我对这个职位向往已久，自认为是最适合做这项工作的人，在对我进行面试之前，希望您不要匆忙作出决定。"结果，经理在面试时总是想着要看一看这个"第47号应聘者"。青年靠着他的积极和聪明，成功地实现了自己的愿望，这就是积极的力量。

擅长表现自己的人不容易被埋没，因为他们不允许自己的才华被人看低，也不会放过任何展示自己的机会，他们知道机遇转瞬即逝，准备好了就要随时抓住；即使没准备好，也要先抓到手里，这样的人让人相信他一定会成功。

摆脱自卑的最好方法是营造一个成功者的形象。就算你认为自己没有成功者的能力，也要先给自己一个成功者的形象，包括整洁的仪表、自信的精神风貌、轻松的谈吐以及对机遇的志在必得。对于内向者来说，制造这种形象并不是他们的专长，但"勤能补拙"，内向者也可以通过准备与训练给人留下正面、积极的印象。

**1.记下那些令你不安的事,逐一攻克**

在人前感觉害怕是表现自己的一大障碍,人们能够分析出自己害怕的原因:有时是因为对自己的不自信,有时是因为准备工作做得不足,有时是因为旁人给的压力……这些原因或大或小,如果不加以克服,它们就会一直牵制你。

你必须克服自己的缺点,当你每次在人前有所表现后,停下来想一想:自己有没有害怕?为什么会害怕?把令自己害怕的事一一记住,逐一分析,就会发现它们其实都是小事,只要多一点儿勇气就能克服。或者,只要多锻炼几次就能自愈。

**2.不要让别人知道你在害怕**

在谈话中,有些人总是露出羞怯的表情,似乎对自己说的话完全没有自信。这种"怯"很有暗示性,要知道,你自己都不自信,别人更没法相信你。你的计划也许万无一失,但你的表情无法说服任何人,所以,在任何时候都不要让别人发现你在害怕。

如果你害怕的仅仅是"害怕"本身,那就更不必担心,其实每个人都有畏惧心理,自信的人选择不去表现,而自卑的人总是摆在脸上。尽量用笑容和沉静掩饰自己的不安,让他人相信你对即将发生的事成竹在胸。

**3.准备好谈话内容**

笨鸟先飞,如果觉得自己在现场发挥时经常有失水准,不如做做功课,像个备考的学生那样,把想说的话、与别人交流的内容、可能遇到的问题写下来,细细琢磨,这样一来,你就对即将到来的活动有了初步的把握,至少你能拿到及格分。

有时候,你认为自己准备得很充分,却被自己没想到的问题弄乱了阵脚,连准备好的东西也一起忘掉,这个时候也不要沮丧,就当是增加了一个经验，下一次，你就能做更充分的准备。高情商的人知道，尽管此刻的效果不理想，却经历了一个百炼成钢的过程。

**4.积极地回应他人**

一个成功者在与人交流的时候会直视他人的眼睛，会礼貌地对人微笑，即使说的话不多，也能积极地用表情回应他人，加以适当的评论和赞美，这是他们在公共场合受人欢迎、被人尊重的重要原因。

以上这些事，成功者能做到，每个人都能做到，因为它们并不复杂。自卑者如果不能主动地提出话题，至少要学会积极地回应他人。不论何时与人谈话，都要强迫自己做三件事：直视、微笑和适当地回应。

# 学会欣赏自己，用自信打败自怜

内向者的心灵有一个很大的弱点，也是他们性格上的软肋，就是自怜。我们知道，有些人的内向来源于自卑，这些自卑的人除了经常认为自己不如别人，还常常做这样一件事：当他们遇到了一些挫折，他们首先想到的不是如何去解决问题，更不是如何去汲取经验，而是不停地对自己、对他人说："我太可怜了，我怎么这么倒霉？"也就是人们说的自怜。

自怜在本质上是一种自我保护意识。自怜者为自己的遭遇心酸不平，对别人的幸福艳羡不已，从侧面反映出他们对自己的不满意、对生活的否定。别人做到的事自己没有做到,别人有的东西自己手里没有,这些都是他们自怜的理由。他们总是强调生活不公平,那是因为他们根本看不到生活公平的一面。他们不愿看自己拥有、别人没有的东西,那些东西对他们来说根本不重要。自怜发展到一定程度就会变成一种病态。

其实,可怜自己就是在贬低自己,你要知道,你并不比别人差,在同样的困境下,别人能够顶住压力,你可怜自己,就在实践上输给别人一筹;遭遇失败的时候,别人都在从失败中总结经验,你可怜自己,就是在浪费重新崛起的时间,又一次输在了起跑线上。

一个青年在学校时成绩很不错,毕业后,他满怀信心,认为自己能找到一份好工作,没想到求职时,他因为性格的原因处处碰壁,越是焦急,越不能在面试场上好好发挥,他的情绪一路跌到谷底,甚至想要结束自己的生命。

他来到海边,遇到一位老人,老人见他神色抑郁,便关心地问:"年轻人,你为什么闷闷不乐?"年轻人见老人慈眉善目,便向他倾吐了自己的遭遇。

老人听完后并没有急于安慰他,而是抓起一把沙子扔了出去,他问青年:"你能帮我把沙子捡回来吗?"

"那怎么可能?海边有这么多沙子。"青年说。

"那么,如果我扔的是一块金子,你能帮我捡回来吗?"

"当然可以!"

"你要明白,如果你是沙子,自然不会有人赏识你;如果你是金子,自然也不会被埋没,你要做的就是把自己变成金子。"老人说。

在这个故事中,青年因为一次次的失败而产生自卑心理,想要出人头地的愿望与事事难如意的现实对比如此强烈,由此,他可怜自己一身才学，这种自怜加速了他的绝望，直到一位老人告诉他，不要想着环境好不好，而要想自己是不是真的好，他才振作起来。

自怜会抑制个人能力的发挥，因为自怜会让你的思考停留在某个盲点，看不到，也不想看自己的缺点，或者太过看重这个缺点。要知道，想要出人头地，就要有出人头地的资本，所有的困难不过是在打磨自己，只要能将自己变成一块金子，就不要怕被埋没。一个自信心强的人更容易焕发光彩。只有自信才能打败自怜，让自己真正独立，那么，如何让自己更加自信呢？

**1.肯定自己，欣赏自己的优点**

要知道，上天并不公平，他没有给予每个人相同的出身和处境。但他也是公平的，因为每一个人的优点和缺点都是持平的：懦弱的人很温柔，刚强的人少回旋。一个弱点必然蕴含着优点，把弱点稍加克服，它就可以变成优点；相反，把优点过度发挥，它就会变成软肋。

为自己自豪是一件重要的事。要欣赏自己身上的优点，哪怕是极小的优点，也可能是他人求之不得的东西。也要知道自己的弱点，不要把弱点当作自怜的理由，谁没有弱点？战胜它，你就少了一个弱点，多了一个优点。总是欣赏自己、对自己说"你真棒"的人不容易产生自怜心理，你不妨也常常对着镜子里的自己这样说。

**2.说话要肯定**

要留意你在说话，特别是回答别人问题的时候使用了什么样的句式。如果别人问："这件衣服质量还好吧？"你说的是"没错，非常好"或者"不，糟透了"。这些都是肯定句式，代表了你对自己说话的内容充满信心并且能够负责。

相反，如果你回答"还行吧，我也不清楚"，或者"你自己看看嘛，我哪里知道",这就是一种疑问句式,代表着否定和怀疑,别人自然也会对你的话不能抱有相信的态度。用肯定句式能够给人自信的印象,用肯定句式,也能让你更有担当。

**3.把步速加快25%,改掉懒散的生活态度**

科学家经过研究发现,走路的速度与生活态度直接相关,走路慢的人,多数生活懒散,或者生活在不愉快的情绪中,这让他们步履沉重甚至举步维艰,而那些有自信、对自己的未来充满憧憬的人则会昂首阔步。如果能适当加快你的步速,就能在直观上给人一种积极的印象,而且,因为节奏的加快,你的生活也会跟着加速,进而信心倍增。

没有人天生就有强大的自信心,绝大多数人都曾经历过打击和挫折,怎样走过来是摆在每个人面前的难题。对于一个内向者,自怜是最糟糕的方法,自怜使他们永远深陷在情绪的泥沼里,只有自信才能消解失败产生的负能量。要相信自己的能力,不断鼓励自己:大浪淘沙,是金子总能留下来;有时间自怨自艾,不如挺起胸膛对自己说"我行"。

## 不卑不亢，受人尊重

结合我们的生活经验，我们不难知道，自卑的人也有自己优秀的一面。当我们看到那些不爱说话、眼神里流露出明显的自卑意识的人，甚至会在心中有一种保护欲和一种鼓励他们的冲动。自卑者有时让我们怜惜，有时也让我们恨铁不成钢，却很难在形象上让我们尊敬和仰视。

让我们尊敬和仰视的是什么样的人？是不卑不亢的人，他们不会轻视谁，也不会惧怕谁，他们的目光始终是平等的，在任何时候，他们的头都抬得高高的，并不是因为骄傲，而是因为自信。他们不向逆境屈服，不向困难妥协，有最坚定的立场和信心。在他们身边，你会不自觉地被他们的人格魅力所吸引，甚至会跟随他们的脚步，成为他们忠诚的朋友。

不卑不亢是自信者人格的最佳写照，与自卑形成了鲜明的对比。不卑不亢是一种积极的心态，它代表着人的尊严和底气。不卑是一种自信，不亢是一种教养。不卑不亢的人能够为自己赢得尊重，树立良好的形象。有一个故事能够说明不卑不亢给人带来的优势。

春秋时候，齐国有一个大夫叫作晏子。一次，他奉齐王的命令出使楚国。楚国与齐国不和，楚王听说晏子是个矮子，就命手下不打开宫殿大门，只在宫殿侧面的墙壁上开了一个侧门，晏子说："我今天是来出使楚国的,不是来出使狗国的,怎么能从狗洞进入呢?"楚王没办法,只好命人打开宫殿大门,将晏子迎了进去。

宴会上,楚王见晏子五短身材、貌不出众,便轻蔑地说:"齐国没人了吗?竟然派你当使者?"晏子说:"齐国的大街上人山人海,怎么会没有人?只是我们齐国拜见贤王,会派出贤臣;拜见您,只能派出最不肖的我。"楚王被抢白了一通,但又不好发作。

喝酒时,有人带上来一个犯人。楚王问:"这是什么人?因为什么被绑住?"臣下说:"这是一个齐国人,因为犯了盗窃罪才被抓住,请大王发落。"楚王对晏子说:"难道你们齐国人都擅长盗窃吗?"晏子不慌不忙地说:"橘生淮南则为橘,生淮北则为枳。这个人在齐国本来是个守法的公民,怎么到了楚国就变成了盗贼呢?难道是楚国的水土有问题?"面对不卑不亢的晏子,楚王只能认输,再也不敢小看他和齐国了。

《晏子使楚》是一个著名的历史故事,晏子貌不惊人,却凭借出色的口才维护了齐国的形象,让楚王不得不对他肃然起敬。我们都知道,一个人仅凭才能、相貌并不能让人打心底里产生尊重,真正让人尊重的是人格。在这个故事中,晏子的话语和行动既维护了自己的尊严,也维护了齐国的尊严。

被别人喜欢是每个人的潜在愿望,当然,没有一个人会被所有人喜欢,所以你至少要让自己有受人尊重的人格。人格是形象的基础、行动的底子,一个注重自己人格的人才能有不卑不亢的态度。想拥有完善的人格,你需要留意以下几个方面:

**1.活泼、大方**

活泼的人走到哪里都受欢迎,他们带有一种蓬勃、阳光的气场,他们会主动地去结识他人、活跃气氛、尊重别人的意见,多数时候不会与人争吵。他们就像开心果,既能让人快乐,又能给人鼓舞,能够让所到之处充满欢笑。

内向的人不容易活泼，这是他们的天性，不必过于强求，但是一定要努力让自己变得大方，具体表现是：当别人主动结识你时，不要拒人于千里之外；当有人活跃气氛时，不要泼冷水；要多多与人进行互动，和人说话不要争执不休。这样的人，即使当不了开心果，也是让人愿意接近的对象。

**2.真诚、坦荡**

不论对于内向者还是外向者，真诚和坦荡都是一种吸引人的素质。敢于表现自己的人会坦诚地对他人表示羡慕和尊重，因为他们相信自己身上也有让人称赞的特质，这是一种自信。同时，他们不避讳自己的缺点，能够承认自己的过失和错误，如果冒犯了别人，他们也会真诚地道歉。和他们交往，你会有两种直观的感觉，一种是透明，你能感觉到他们灵魂的清澈；另一种是坚实，你知道他们是值得信任的。

做一个真诚坦荡的人，你会结识更多的朋友，得到更多的机会。你的坦荡更会让人敢于对你说些"逆耳忠言"，让你有更大的进步。

**3.谦虚、低调**

美国有一个心理机构做过测试，发现在生活中，内心越是自信的人，态度越是谦虚，行为越是低调。低调不是不表现自己，而是有选择地表现。在平日里，内心自信的人深藏不露，只有在重大场合，他们才会一显身手，吸引所有人的目光。

常言说，谦虚使人进步。谦虚不代表心虚，心虚的人喜欢夸夸其谈，就怕别人知道自己的底细，而明眼的人一眼就能看出他们的深浅；谦虚的人刚好相反，在谈话中他们总是很持重，更愿意听取他人的意见，他们说出的话往往比别人更有见地。

#### 4.果敢、进取

不卑不亢的最大特点、自卑的最大克星就是果断与进取。果断能让你切断一切拖拉的态度,当断则断,不留余地;进取能让你的人生有最明确的定位和目标,没有时间去考虑细枝末节。果敢与进取相辅相成,一个有进取心的人必然能克服自卑,学会果断,而一个果敢的人必然会寻求更多的进取机会,让自己告别自卑。

有时候,自卑与自信之间只有一门之隔,关键在于你愿不愿意推开那扇门。不要让内心的自卑压抑你的才华,压抑你的进取心,压抑你与人交往的意愿,压抑真实的自己,更不要妄自菲薄,要常常对自己说:"抬起头来,我不比任何人差!"

## 不编织谎言自欺欺人

人的心态的形成是个复杂的过程,心理学家试图摸清其中的规律,却发现每个人都有各自的性格成因,所以即使心理学发展了多年,专家们也不敢宣扬自己所说的话100%就是正确的。就拿自卑来说,自卑的成因成千上万,一个人可能因为儿时老师的一句批评而自卑一辈子,也可能因为路人无意的夸奖而认识自己、重拾自信。

想要激励自我,首先要知道什么是真正的激励。有些人激励自我的方式是欺骗，他们试图用谎言给自己塑造一个美好的形象，让别人相信自己在过一种令人羡慕的生活。他们在别人艳羡的目光中得到了一种满足，但这种满足是虚假的。起初，他们也知道这是虚假的，因此内心难免苦涩，久而久之，维持这种虚假就成了他们的人生价值所在，为此他们不惜一切。自卑掺杂了自怜、自尊，就成了自欺欺人。

自欺欺人是一种可悲的心态，自欺欺人的人让自己相信他们有那些根本没有的东西，让自己一直沉浸在一种盲目而虚假的情绪中，并信以为真；同时，他们还要让别人也相信这是真的，由此他们愿意支付昂贵的成本，而周围的多数人都知道真相是什么，或者出于可怜或者出于礼貌而不愿意拆穿他们，于是他们继续生活在骗局中。

20世纪，日本经济危机爆发的时候，很多企业倒闭，一家面店的老板也因为资金亏空而不得不宣告破产，他回到自己的家乡，住在从前买的房子里，每天生活在痛苦之中。

他不希望看到乡亲们同情怜悯的目光，更不能忍受对手的嘲弄，于是，他没有把破产的事告诉任何人，只说自己想要休息才回来。他还是像以前那样穿昂贵的西装和礼服，像以前那样去城里有名的饭店吃饭，他一点点地用光了自己所剩不多的积蓄，他希望别人仍将他当成昔日的老板，可事实上，他却连下个月订报纸的钱都凑不出来。

也有人看穿了他的所作所为，含蓄地劝他不要这么要面子，别人不是傻子，谁都看得出他的状况。听到这话，这位破产的老板更加绝望，他没想到自己这么努力营造的假象原来是他人一眼就能看穿的笑话。

故事里的老板曾经是一个成功者，却并没有因为他的成功而变为一个强者。有一天，当他面对失败的时候，他选择了逃避，选择了用谎言维持自己的面子，他只顾抓紧曾经拥有的一点点皮毛，忽视了当下真实的生活。

谎言很容易被拆穿，自欺欺人的人维持的其实是一种别人与自己都知道的谎言。有些时候，这些人能够欺骗别人，却不能骗自己。当他们说自己有钱、有地位，却过着异常拮据的生活时，他们的内心也是苦涩的。他们害怕被人拆穿，于是不得不为一个谎言而编织更多的谎言，只为维持假象，他们逃离现实太久，已经不敢面对真实，他们的心灵永远无法坦荡。

自欺欺人也与个性的消极与自卑有关，因为看不到希望，只能拼命编织谎言；因为不相信自己的真实能力，只编营造虚假的能力。自欺欺人的人把精力全都用在维持假象上，自然很难有真正的作为。那么，如何告别自欺欺人，过真实的生活呢？

**1.要承认、接受现实**

现实不是总能像我们希望的那样美好，完美中的自己常常出现在我们的梦境中，距离真实却有遥远的距离，这的确会让我们很失落。特别是曾经拥有的东西一旦失去，更让我们无法接受这种落差，但现实就是现实，你无法接受它，就不能征服它。

现实也有美好的一面，有变得更加美好的可能，这在于你是否能够相信自己、愿意付出努力。内向的人本身有一种沉迷于假象的习惯，更需要鼓起勇气战胜自我，否则只能一辈子在假象中生活，一边骗别人，一边安慰自己。

**2.要在理想和现实之间寻找最适合你的安全区域**

有一首歌中唱道："坚强的人也会哭，谁也不是铁人。"有正常情感的人就会有消极的时候，有时候，偶尔的"自欺"好过血淋淋地露着自己的伤口。特别是当内心脆弱的时候，我们需要一个避风港来安慰受伤的心灵，这有助于我们尽快治愈自己。

看书、听音乐、游戏、运动、旅游，很多事都能够让你暂时离开现实，沉浸在精神的世界里，如此，你会重新找回平静与自我。只要你不是长久地沉浸在幻想中，不脱离现实，适当地"超脱"其实更有利于你的心理健康。

**3.勇于对他人承认自己的失败**

多数人都有一种自欺欺人的表现：不相信也不承认失败。每个人都希望自己是强者，希望自己的努力能够得到回报，于是失败就成了人们避而不谈的话题。其实，成功与失败是最明显不过的事，你既骗不了别人，也骗不了自己，早一点儿承认就能早一天站起来。

不要认为承认失败是一件丢脸的事，事实上，人们会因为你的真实、坦荡而更加欣赏你、尊重你，甚至愿意帮助你。人们愿意提携一个真实而勇敢的失败者，却很难相信一个虚张声势的"成功者"。无论何时，如果你的形象不以真实作为基础，你就无法取得别人的信任，即使你真的做出成绩，别人也会习惯性地认为你"掺了水"，这就是自欺欺人的苦果。

## 了解你在别人眼中的样子

每个人或多或少地都会产生这样的好奇：在别人的眼里，自己究竟是什么样子？

当我们想要释放自己的时候，很难忽略别人的眼光、别人的意见。我们总是希望在别人眼里，自己是优秀的、出色的，害怕在别人看来，自己的缺点多、麻烦多。有时候我们觉得自己的感知能力过于有限，想要了解自己又找不到正确的方法，所以急于知道别人如何看自己，其实就是把别人的意见当作镜子，想要从中修正自己。

不识庐山真面目，只缘身在此山中。我们不能盲从于别人的意见，但有的时候却要相信别人的眼光。每个人都有自我美化的倾向，把缺点当成优点，不如听听别人如何评价自己，在他们的言谈话语和行动上，你会明白哪些是自己的长处、哪些缺点让人不能接受。

一个拥有独立人格的人，更需要了解他人眼中的自己。不过，对于一个敏感的内向者来说，想要全面地接受别人的评价并不容易——他人知道这种人敏感，说起话来总是小心翼翼，生怕伤害到他。因此，内向者更需要了解他人的评价，听得多了，他们自然不再那么脆弱，何况有时候，还能发现他们自己都不知道的优点。

三个工人去应聘仓库管理员一职,经理说:"你们三个的简历我已经看过,现在已经是中午时间,按照我们公司的规定,你们可以去公司的食堂吃一顿午饭,再回去等消息。"

听到有免费的午饭吃,三个工人很高兴,他们坐在一张桌子上吃饭,那位经理就坐在他们邻桌。吃过饭后,经理对其中一个工人说:"恭喜你,我认为你适合仓库管理员这一职务,你什么时候方便来上班?"

其他二人不服气地说:"请问您的评判标准究竟是什么?我们的资历并不比他差。"

就连那个被录用的工人也很奇怪地问:"先生,他们两个的学历比我高,工作经验也比我丰富,请问您为什么会作出这种选择?"

经理回答:"比起其他两个人,你说话最少,你的学历的确不如他们。但是,在你们吃饭的时候,我一直在旁边仔细观察,我发现你们二位吃饭时狼吞虎咽,还掉了很多食物在桌子上,而这个人却会把最后一粒米饭都吃进嘴里,他更懂得节省和珍惜,这是一个仓库管理员应该具有的品质。"

俗话说,群众的眼睛是雪亮的。当内向的人认为自己不够好,总有那么一刻,他会发现自己在他人眼中是出色的,这个时候,内心的自豪感会全面战胜敏感和脆弱,自尊心与自豪感会层层涌出,你会发现这才是生命最应该享受的滋味,这也是我们需要了解自己的原因所在。

**1.直接询问别人对自己的看法**

想要了解别人眼中的自己,首先要得到的是一些真实、中肯的看法。这些看法,只有那些真正亲近你、了解你的人才会给你。要诚恳地向他们提出要求,并强调自己克服敏感的决心,打消他们的顾虑,这样,他们才会愿意对你坦诚。

有时候,亲友的看法一针见血,但听上去像是一种责备,千万不要有抵触的念头,要知道他们比任何人都爱护你,他们这样说,是希望你更加独立、自信。

### 2.间接了解别人对自己的看法

亲近的人的意见虽然真实，但他们出于对你的关爱，也许会隐瞒某些让你不快的东西，这个时候，你需要那些离你较远的人的看法作为一种补充。你可以侧面打听别人对你的看法，别人的评价未必中肯，甚至还有误解，但那都是你在别人眼中的形象，愿不愿意改进在于你自己。

### 3.以对手为标杆，寻找差距

需要特别注意的是，你一定要知道你的对手对你如何评价，他们恐怕是最了解你的人。如果很难得到对手的评价，不妨仔细观察对手，你们之所以能够抗衡，不是因为太过相似，能够相争，就是因为太过不同，以致刚好相克。在那些相似的对手身上，你看到的缺点可能也是你的缺点；在那些不同的对手身上，他们的优点就是你的不足。

在寻找自我的过程中，要记住了解的目的：为了对自己有更多的认识。不要因为别人说你一句不是就怀恨在心，也不要因为别人的一句夸奖就找不到北，以平常心看待别人的评论，这些评论只是你构建人格的材料，你可以采纳，也可以弃之不用。一个人如果能拥有海纳百川的气概，他的心态就会越来越好，人格也会随之健全。

我们生活在外在世界，我们需要树立的形象既是自己希望的，也是他人予以肯定的，一味地纵容自己难免偏颇，一味地迎合别人就会失去风格，两者结合才是最佳形象。此外，尽管我们要依照别人的看法扬长避短，不断提高自己，但生命的意义不是他人怎么看你，而是依从你的本心，踏实地生活，在生活中发现自己、强大自己，这才是实现人格独立的关键。

## 第十四章 修炼四

### 孤僻：走出自我，拥抱世界

#### 做告别"独唱"的"笼中鸟"

陷入孤僻的内向者常被人看作笼中小鸟，唱着自己的歌，美丽而孤单。

人的心灵就像一只小鸟，孤僻的人始终把心灵放在自己打造的笼子里，这个由各种条条框框打造的笼子代表了封闭者对世界的基本看法：外人不可信，世界太复杂。他们认为这个笼子才是最美丽、最安全的。

孤僻的人总是说自己对生活很满意，有丰富的精神世界可以任其遨游，他们认为自己处在一种自由的状况中，远离了复杂的人际，一心一意地专注于自己的喜好，他们甚至觉得自己已经进入了一种状态：远离尘嚣、遗世独立……

但是，如果他们真的像自己想象的那么快乐，为什么人群中的他们看上去总是郁郁寡欢？为什么他们并不拒绝所有人，仍然想要友情、爱情、亲情的滋润？原因在于少了分享的人生不再是一种享受，在自己的世界中感受到的快乐如果不能与他人分享，快乐就会变成苦涩。

一个富翁爱酒，酒窖里藏了各种各样的好酒，其中还有一瓶酒是来自法国著名庄园的上好葡萄酒，据说全世界加起来也没有几瓶。富翁自认为如此好酒必须等到一个最佳时机才能打开，或者自斟自饮，或者与身份高贵的人一同品尝，富翁一直等待着这个"最佳时机"。

寒来暑往，富翁几次过生日都想打开这瓶酒，但每次下了决心之后又随即犹豫："如果有更好的机会呢？"有时家里来了尊贵的客人，富翁也想拿出这瓶酒，但刚刚下了地窖又对自己说："万一有更尊贵的客人来呢？"直到富翁死去，他也没能品尝到这瓶酒是什么滋味。在他的葬礼上，他的儿子因为从来不喝酒，不知道酒的价值，将酒窖里的酒拿出来款待来宾，那瓶珍贵的红酒也糊里糊涂地进了别人的肚子，谁也不知道它有多么珍贵。

就像故事中的红酒，过度的保护，其实就是一种浪费。每个人的生命都是有限的，如果一个孩子从小就孤僻，没有享受过与伙伴们玩乐冒险的童年，没有经历过单纯懵懂的少年期，没有经历过血气方刚的青年期……在所有享受生命的年纪，他一个人待在角落里看着他人，直到沉闷的中年、抑郁的老年，他的人生真的有快乐吗？又有多少真实的快乐？很多事错过了就不会再来，至少他们没有享受过其他人拥有过的那种快乐。

人应该有一份开放的心态，在追求属于自己的快乐时也不能拒绝外来的快乐，如果没有比较，你怎么能断言哪一种更好、更适合你呢？也许当你尝过真实的外在快乐，你会发现自己曾经的追求太过虚幻，像个影子。那么，如何打开自己的心，尝试着接受外界的事物呢？

**1. 要对外界保持好奇心**

内向者的感受能力、想象能力都很丰富，他们的好奇心旺盛，如果能把这种好奇心投射在外界的方方面面，他们就会有兴趣进入外面的世界，并享受学习的乐趣。

对外界产生好奇后，就要有主动的求索意识，你可以通过书本、培训、交谈等方式满足自己的求知欲。要记住，想要学会游泳就必须先跳进水中，想了解外界，你也要先进入人群。

**2. 要有广博的胸怀和意识**

内向者在自己的世界里待的时间太长，已经形成了固定的审美模式，限制了自己的接受能力。在面对外界的时候，他们往往以自我的喜恶评价一件事物，不愿深究，这就造成了他们以偏概全、行事武断。

面对外在世界要有海纳百川的心胸，尽量容纳那些与自己不一样性格的人，尽量欣赏他们的优点，要知道你和他们共同组成了这个世界，少了哪一部分，都不是这个世界的全貌。

**3. 尽量和他人接触，让他人了解自己**

一个内向的人想要在外在世界行走，既要了解外在世界的规则，也要让外在世界了解你的基本规则。要相信人们愿意尊重你、欣赏你，前提是他们对你有足够的了解。

了解是双方的事，你需要有足够的坦诚，才能让别人知道你的真实想法和真实性格。如果一味地自我保护、以虚应实，只会让人对你提起戒心，再也不愿相信你。了解是接触的必要条件，有了了解，你才能更好地接触世界，接触更多的人，丰富你的经历。

**4. 要以成人的心态看待世界，有足够的警惕**

内向的人有时太过单纯，想当然地把别人看成自己，认为世界只有一个标准，于是，他们常常在现实世界中吃亏。

要对世界保持足够的警惕，不论什么事物都有两面性，越美好的事物往往越危险，你不必时刻提防明枪暗箭，但至少要有辨别能力和自保能力。什么人可以相信、什么事可以做，要做到心里有数，以成人的心态看待外界，你会更客观，也更自由。

## 不偏执，就能看到真实

有些人因幻想而封闭，有些人却因偏执而看不到外在世界。有一种内向者从不沉浸于幻想，他们脚踏实地，是敢想敢做的实干家，而且他们常常定下计划之后立刻埋头苦干，不达目的誓不罢休，这样的人很难没有成绩。可是，他们也有一个缺点，就是太过要求完美，甚至到了偏执的程度，在他们看来，不够完美的成功不算成功，有缺陷的人生了无生趣。

有些内向者有偏执的完美主义倾向，如果说幻想者给自己营造了一个有花有草的梦幻世界，然后封闭自己不肯长大，那么，偏执者就给自己营造了一个"必须第一"、"争取最好"的世界，然后封闭自己，以完美为生活的唯一重心，一切都围绕着完美展开。完美主义者与外部世界无法同步，他们永远遵循着自己的计划，他们看到的世界，其实也不真实。

完美主义者常常陷入焦虑之中，他们总是担心自己不够好、自己的准备不够充足，他们对失败害怕到了一定程度，所以强迫自己一遍又一遍地做到最好。这种小心翼翼使他们的心理容易产生失衡现象，一旦失败来临，他们的挫折感就会铺天盖地向他们涌来。

小芸是个认真的女孩，也是人们常说的"完美主义者"。从小学开始，她就有凡事力求完美的习惯，就连作业上写错一个字、一个标点，她都会撕掉重新再写一遍，所以，她的作业本常被老师作为"样本"展示给全班同学。靠着认真努力，小芸一帆风顺地考入了重点高中、重点大学，进入知名企业工作。

不过，小芸也有不顺心的时候。从学生时代起，她的朋友就不多。她不仅不活泼、话少，而且她对人要求苛刻，别人知道这是她关心人的方式，也不好说她，只是选择敬而远之。

到了工作岗位后，这个特点给她带来了很多麻烦，特别是在她因为业绩出色而被升为组长之后，她认为所有组员都达不到她的要求，这让很多人都不愿意与她合作。再后来，小芸结婚了，连她的丈夫也发现无论自己做什么都达不到小芸的要求。小芸不明白，她要求严格并不是出于自私的目的，是为了别人好，为什么大家都不理解呢？

偏执是另一种幻想，完美主义者希望世界是完美的、自己是优秀的，一切事情都尽在掌控之中，有条不紊。他们害怕缺点，害怕一切能够导致自己不够完美的因素，所以他们努力改造自己、改造自己周围的环境，并强迫身边的人跟上他们的步调，和自己一起变得完美。在他们身边的人往往被拖进"完美的追逐"中，身心俱疲、苦不堪言，而那些完美主义者却认为自己是在为别人着想："难道优秀一点儿不好吗？"

当一个人醉心于理想中的完美自我、过分追求现实生活中的某一种东西而忽略所有人的感受，这事实上已经严重影响了他的生活。他追求的优秀成了别人的压力来源，成了别人的负累，以致所有人都想远离这个苛刻的人，过更为简单的生活。追求完美并不是错，想要自己更好是每个人的追求。偏执者错在扭曲了完美的本意，错在以自己的标准要求他人。那么，如何取得心理的完美和现实世界之间的平衡呢？

**1.不要以自己的标准来衡量别人**

对于某些人来说，完美是永恒的动力，让他们愿意奉献精力与激情。对于另一些人来说，完美只适合远观，他们更喜欢轻轻松松地生活，不会整天逼迫自己。这只是两种不同的生活选择，没有好坏之分，也不需要认为自己是对的，要求他人跟自己同步。

以自己的标准衡量他人，永远得不出正确的结果。何况，要求某些缺陷明显的人完美，本身就不切合实际。要记住，你能做到的事，别人不一定能做到。你生来就有的东西，别人可能恰恰没有。你要求别人完美，实际上像是一种炫耀，长此以往，只会让人厌恶。

**2.认清现实，世界上不存在真正的完美**

世界上没有真正完美的东西，追求完美的人之所以还在追求，就是因为他们认为自己不够完美。对于他们列举的完美的事物，别人却能找出缺点进行反驳。现实生活中没有十全十美，完美只能是一种追求。承认世界的不完美，才能以端正的心态面对生活与他人，才不会把自己的世界观强加给别人。要知道，即使在你的眼中不够完美的人也有你无法企及的一面。

**3.对待他人的缺点要有宽容的心态**

完美主义者不能容忍缺点，就像不能容忍饭碗里出现沙子。特别是对待身边的人，他们甚至会强迫对方改正，而那些内向的完美主义者，有时不会将对方的缺点说出来，只会使自己越看越难受、越看越不爽、越看越想远离。所以，完美主义者大多也被冠以"孤僻"的评语。

人无完人，对待他人的缺点要有宽容的心态，要知道，你不看对方存在的诸多优点，偏偏盯着他人的缺点看个没完，这不叫完美主义，而叫吹毛求疵。

**4.对待自己，也要适当降低标准**

每个人都有实现自我价值的愿望，追求完美符合这种愿望，可是，一旦理想中的完美和现实形成强烈对比，偏执者就会常常生活在失落中。有时候，适当降低对自己的要求并非贬低自己，而是爱护自己、让自己不要太累，在别人眼中，你依然很完美。

高情商的人不会压迫自己，他们既追求出类拔萃，又崇尚自然快乐。他们的完美不是和自己对着干，整天纠结于自己的缺点，而是加足马力发扬自己的优点；他们不会总是盯着自己的过失不放，而是改掉那些能改的、忽略那些无所谓的。简言之，他们不会生活在偏执的自我世界中，而是一直以开朗的心境享受生命，享受人生的各种可能。

## 适应他人，走出孤僻的个人世界

孤僻的人并不是生来就没有交际愿望，身边的亲人经常劝他们要活泼一点儿、外向一点儿，他们也曾试图改变现状，试着加入人群，与人接触，想尝试另一种生活，很快，他们便发现自己无法适应外在世界的生活，最主要的是他们无法适应他人，无法为了他人改变自己，于是他们选择继续回到自己的世界，过一成不变的生活。

缺乏适应能力的人只能过单调的生活，他们害怕改变，他们认为改变意味着未知的危险，而不是机遇与挑战。他们希望自己能够维持一个"安全状态"，永远按部就班，没有任何意外。于是，我们在现实生活中经常看到这样的"安全者"：有平稳的工作、平稳的个性、平稳的家庭……尽管他们常常为此觉得乏味，但他们已经习惯了这种封闭式的生活，根本不想有所改变。

想要适应环境，首先要适应他人。不能要求别人都来迁就你，也不能因为自己声音小就拒绝和那些大嗓门的人说话，否则你就只能一辈子生活在套子中，成为他人眼中的异类，生活没有亮点，只能靠自己的幻想生活。

有一个年轻人大学毕业后回农村接管了父母的杂货店，做着普通买卖。他没有什么特长，只有一个特点：脾气好。他的朋友中，有的人性子暴躁，经常大呼小叫、惹是生非；有人嗜酒如命，常常喝得烂醉如泥；还有人孤芳自赏、看不起他人……这些人却把年轻人当作好友，因为年轻人经常在他们急眼的时候规劝、喝醉的时候搀扶、刻薄的时候一笑了之。人们都不明白年轻人为什么要交这样的朋友，年轻人却说："每个人都有优点和缺点，交朋友看的是自己喜欢的那部分，当然也要容忍别人的缺点，而且在他们身上，我也学到了不少东西，朋友就是要互相适应。"

后来，年轻人的朋友越来越多，人缘越来越好。当他开始做别的生意时，朋友们有钱出钱、有力出力，他的生意一帆风顺，后来成就了一番事业。

常言道，多个朋友多条路。这句话道出了交际的真谛。所谓的路，不是指你有困难的时候，朋友一定会来帮你，而是说你在他们身上能够学到有用的东西。和开朗的人在一起，可以学到他们面对得失的豁达心态；和稳健的人在一起，可以培养自己的安全感；和聪明的人在一起，可以让自己懂得更多处世技巧……孤僻的人想要改变自己，可以把身边的朋友当作教材，每个人身上都有值得学习的地方，这些足以让你变得优秀。

与他人相处得好坏直接反映了你的适应能力。适应了他人，掌握更多的技能，自然也就适应了环境，而且，适应他人的人更容易快乐，因为每个人身上固然有缺点，但他们的优点也常常让人惊喜。那么，如何提高自己适应他人的能力呢？

**1.欣赏每个人的长处，与他们互通有无**

世界上有多少种形态，就有多少种美丽。一个孤僻者如果能对别人抱有欣赏的眼光，别人自然不会排斥他的接近。孤僻者多多少少有些自恋情结，在潜意识里认为自己是最好的。其实，能够与他人接触，学习他人的长处，才能更加客观地评价自己。

与不同的人接触是个学习的过程，当你直观地明白自己缺少的东西，强烈的进取心会促使你告别孤僻。在别人的优点面前，你不得不承认封闭的生活已经让你退化，如果再不迎头赶上，就会被生活淘汰。

**2.要理解他人的内在动机**

有些人总是数落你，让你烦不胜烦，但他们其实是在关心你；有些人总是忌妒别人，但他们并不会害人，只是因为上进心太强……每种性格背后都有动机，看穿了他人的内在动机才能更深地理解他们、更好地欣赏他们。如果他们对交往另有目的，也不必心怀偏见，人与人之间的关系是各种形式的"付出与收获"，最重要的是你在这段关系中有所收获。

**3.不要害怕"有性格"的人**

孤僻的人本身就有性格，他们很怕和那些有性格的人接触，因为彼此都有棱角，磕磕碰碰，难免闹不愉快，但是，与有性格的人交往最能锻炼交际能力，他们能够训练你的耐心，也能改造你的"玻璃心"，让你更懂得与人交往之道。何况，人有性格，往往意味着他有某一方面的才能，和这样的人相处，你会受益匪浅。

封闭的人常常觉得自己不适应时代，不妨从适应他人开始改变自己，需要注意的是，适应他人并不是模仿他人，更不是无原则地改变自己，只有保持自己的个性又能适应新的环境，你才能真正地走出孤僻的个人世界。

有时候，内向者在潜意识里害怕改变，害怕外在世界改变自己。高情商的内向者会搞"内外平衡"，他们不会放弃自己内心浪漫、天真的一面，时常会给自己放个假，享受个人天地的快乐。同样，他们也不会放弃缤纷多彩的外在世界，会建立和谐的人际关系以保证他们在外在世界学到最多的东西、做出最大的成绩。既活在自己的世界，也活在别人的世界，才不会错过幸福，人生才足够圆满。

# 成为一个既"深"又"广"的人

本书在前文中已经不止一次地讲述了内向者的优点：长于思辨、有毅力以及坚持不懈。但是，内向者不要以为有了这些长处就可以"躲进小楼成一统"，在你没有足够的阅历之前，你的"躲"只不过是对外在世界的一种逃避。

内向者喜欢追求深度，所以他们深思熟虑，独自在花园散步的时候，常常会有一些奇思妙想；外向者喜欢追求广度，他们更愿意背上行囊，去没去过的地方，认识更多的人。一个人如果仅仅追求深度，他的思想里就会缺少一些重要的东西：虽然有想象力，但少了真实。

当然，我们不得不承认，有很多思想家、艺术家，他们把自己关在小屋子里，一样可以取得伟大的成就，但要知道，他们的成就绝对不是凭空而来的，就算他们不与社会接触，也会得到二手资料来充实自己的思想。一个人不光要有思维的深度，还要有阅历的广度，否则，思维就只会钻进一个点、一个范围，而不是迈向宽广的世界。

有一次，一个农民去听大哲学家罗素的讲座，他非常激动，在演讲结束后拉住罗素不放，向罗素请教："罗素先生，哲学是一种关于思想的学问，你的思想一定是在长时间的沉思中得来的，对吗？"罗素觉得这种说法并不严谨，但一时想不出什么问题，只好点点头。

农民如获至宝，回到家后扔掉他的锄头，对妻子说："我不种地了，今后我要每天思考问题，很快，我就能成为一个哲学家。"

妻子知道缘由后哭笑不得，对丈夫说："就算是罗素，也不会整天把自己关在书房里胡思乱想，他要从事学术研究，还有一份自己的工作，要接触各个行业的人、结识优秀的学者，否则他怎么会变得有思想？我看你还是先把今天的活儿干完再做你的哲学梦吧！"

人的知识结构有两种层次：一种是通过书本和教学得来的"书面知识"，既包括动脑学习，也包括动手实验，还包括道德规范；还有一种是通过实践得来的"社会知识"，既包括实践技能，也包括人与人之间的相处之道，还包括我们对待问题的态度。前者的知识面不能说不广，但与后者比起来，总少了点儿生机。

人的个性也应该有两种层次：一种是与生俱来的，另一种是后天与环境相互作用形成的。如果一个人没有一种开放的心态，不能投入到外界学到真正的知识，他就只能停留在第一种层次上无法发展，在个性上，他如初生婴儿般单纯；在知识上，他只懂某一部分。这样的人，不是书呆子就是半个废物。人的发展既需要深度也需要广度，心态上的开放是"广"的前提。

**1.不要将自己的思想局限在一个领域**

如果一个文科生只知道唐诗宋词，连"转基因"这样的热门话题都一无所知；如果一个理科生只知道实验步骤，不知道谁是李白、谁是杜甫，他们在各自的专业领域可能是好手，但你总会觉得他们的思想太过单一，无法与他们谈论更多的话题。

人们常说学习忌讳"什么都会一点儿，什么都不精"，但思想没有这个忌讳。你思考得越多，想的方面越杂，你的思想就越丰富，你也会因此拥有触类旁通的能力。

**2.学习那些你不擅长的东西**

一个好学的人从不拒绝知识，他会主动学习自己不擅长的那些知识，以此锻炼自己的接受能力。研究那些不擅长的问题，既可以考验自己的毅力和解决问题的能力，又可以丰富自己的学识，让自己对另一个领域有一个近距离的了解。世间的学问既可以细分，又都是相通的，你的思路越开阔，解决问题的能力就越强，越容易产生出人意料的想法。

**3.接触和你有差异的人**

内向者因为喜好单一，喜欢接触同一类型的人，这是缺乏外向心态的表现。人与人之间有差异才能产生碰撞，只接触和自己相似的人，就是仍然让自己活在封闭的世界里；只接受自己能接受的人，相当于几个你形成了一个群落，看似开放，实则更加封闭。

内向者应该多接触与自己有差异的人，体味人生百态，才能对世界有更清晰的认识。也许世界并不是你想象中的样子，人们也不如你想象的单纯，但至少他们真实。

**4.多和成功、有智慧的人做朋友**

高智商的人喜欢接近成功之士和博学之人，他们相信人以群分，跟什么样的人接触，就能带来什么样的习惯。如果抱着学习的心态去接触这些人，能够在他们身上分享很多成功的经验和智慧的信息，就能让自己更加成功、更加渊博，成为一个既"深"又"广"的人。

## 外向意识是对待外界的一种方式

在武侠小说中，我们很羡慕一种人，他们有绝世武功，江湖上人人都知道他们的大名，但他们总是神龙见首不见尾，隐居在深山老林，没人知道他们究竟住在哪里，但哪里都有他们的传说，他们被称为世外高人。

世外高人有一个特点：武林中没有他们不知道的事。不论是各个门派掌门的性格还是小弟子的名字，各个门派的纷争或者江湖上刚刚崭露头角的少年，说是"世外"，却对"世内"了若指掌。

武侠小说虽然只是作家的幻想，却揭示了一条真理：真正的高人不会闭门造车，即使他们看上去不问世事，背地里也会收集关于外面世界的一切情报，他们还会神神叨叨地指着一个孩子说："这个孩子前途不可限量，以后会是一代大侠。"看来，世外高人之所以"高"，是因为他们不会落后于时代，而是与时代同步，且有超前意识。

山里有两块石头，它们享受着清风明月、绿树野草，偶尔还有人在它们身边谈天，说些奇闻逸闻，两块石头生活得很惬意。

一天，一块石头说："我们的生活太平淡了，我希望出去旅行，增长见闻，让自己的生命更有意义。"另一块说："别折腾了，放着好好的日子不过，去增长什么见闻。你有多结实？怎么能忍受那些磕磕碰碰的日子呢？何况还有粉身碎骨的危险！"

"可是，如果不去看看外面的世界，我就不知道自己究竟是谁；如果天天对着同样的事物，我担心自己会一天天僵化。"石头说。第二天，它请求一个牧童将它带下山。

后来，石头历尽磨难，最后掉进了一条河里，它在河水里颠簸，磨平了所有棱角。有一天，一双手将它捧了起来，它听到有人说："天啊，这是一块多么精美的石头！"

于是，它变成了博物馆里展览的宝物，而它的同伴，迄今只是一块普通的山石。

外向意识不等于性格外向，只是一种对待外界的方式。有外向意识的人对外界充满好奇，不排斥外界的邀请，有强烈的探索意识，愿意克服自身的胆小去领略外界的风景。故事里的石头之所以由普通山石变为精美的石头，是因为它在外面的世界中得到了足够的锻炼，如果它满足于山间的安乐环境，当有一天它回想起自己的一生，心中会充满遗憾。

人们为什么总是强调"外向"？因为在一个高速发展的时代，仅仅埋头苦干是不能让你崭露头角的，你要知道世界发生了什么，不然，你在田地里研究如何让麦子增产，别人早就引进了新的种子，不费力气就实现了收获翻番。由此可见，了解风向很重要，落后于时代会吃亏。落后是一件可怕的事，要求人有外向意识，最根本的原因就是要与时俱进、避免落后。那么，内向的人如何培养自己的外向意识呢？

**1.要知道你身边正在发生什么**

内向而孤僻的人对身边的事一向不太在乎，想要有外向意识，首先要学着让自己在人多的场合逗留，培养对人群的兴趣，看看从前并没有留心过的环境，以期产生对外界的兴趣，而且了解身边的一切，会让你对外在世界不再那么惧怕。

有了兴趣就有了了解的动力，看书、看报、看杂志、看互联网，在这个时代，你不用费多大力气就能知道世界在发生什么。另外，在一个信息大爆炸的时代，你要理性面对大量垃圾信息，不要对每件事都深信不疑，要有自己的判断，学会筛选。

### 2.多听听他人的见解

与他人交谈是走出内向世界的第一步。看到一群人在谈话，从前的你也许宁愿一个人在角落里读书，现在不妨主动加入他们，听听他们对最近发生的事有什么看法。不要认为自己的意见高人一等，别人的见解也许比你更深刻。多听听别人的见解能够给你提供多种思路，让你把一个问题分析得更透彻、思考得更深入。

### 3.不要盲目跟风

与时俱进不等于随大流，不要像个盲目追赶时髦的姑娘，这个月流行七分裤，连忙扔掉低腰牛仔裤；下个月据说要有彩妆狂潮，连忙囤积一堆胭脂水粉。这样的姑娘不会让人感觉到时尚，只会让人觉得她被时尚驱赶着，完全没有自己的审美追求。

听到什么就忙不迭地对人复述，那是复读机；看到什么就巨细无遗地对人讲起，那是录像机。人之所以各有不同，是因为他们会在所见所闻中添加自己的思考和判断，否则，你的思维和行动，都会像复读机和录像机，人们很难感受到你的个人魅力。

### 4.锻炼超前意识

超前意识是指意识到那些尚未发生、在不久的将来却能实现的事。有超前意识的人在事业上能够抢占先机，在生活中可以避免危险和麻烦。超前意识体现的是一种高深的智慧。

平时可以预测一下事情的发展，并用事情的进展和结果加以检验。对那些自己熟悉的事物，更要广泛收集资料和看法，了解它们的来龙去脉，推断它们的大致走向。在事业上最需要超前意识，提前预料到公司今后的需要，向那个方向努力，今后公司开辟了新业务，你就是现成的负责人；经商的人倘若能够看穿市场先机，就能占领行业制高点……超前意识不能强求，但锻炼的过程是一个不可多得又充满趣味的学习过程，不妨一试。

## 改变思维习惯，不以喜恶社交

在孩童时代，我们看一部电影，会把电影中的人和事分成两类，一类是好的，我们便喜欢；另一类是坏的，我们坚决反对。这种非黑即白的观点简单明了，所以小孩子的喜好也很简单，喜欢的就是好的，不喜欢的就是不好的。内向者的心中总是住着这么一个小孩子，看到自己喜欢的东西便忽略缺点，愿意主动、愿意迁就，只要接近就觉得高兴；看到不喜欢的东西，不论那个东西有什么好处，就是无法产生兴趣。

众所周知，外在世界的一切都有复杂的一面，没有单纯的好坏之分，每个人都有好的一面，也都有你不喜欢、不欣赏的地方。面对外在世界，内向者最需要提高的能力是什么？接受能力。如果心灵过于脆弱，只能接受"好"的，容忍不了"坏"的，内心就会始终被孩子气的是非观折磨。

接受不能是片面的、有选择性的，既然接受，就要了解得全面、接受得完整。人的接受能力由什么决定？见识、心胸、社交愿望。有见识的人不会小看任何人；有心胸的人能够宽容别人的失礼，甚至是对手的冒犯；高情商的人在社交中总把社交愿望放在第一位，他们想要结识更多的人、了解更多的东西，自然会把其他因素放在末节。

17岁的丹尼斯是业余网球爱好者，在市里小有名气，他有一个竞争对手叫杰克，比赛中只要遇到杰克，他必输无疑，丹尼斯视杰克为劲敌，对杰克的事总是抱着本能的反感。

丹尼斯的姐姐萝丝知道弟弟的心病，就对他说："有个对手是好事，你想不想打败杰克？想的话，你就要经常看他的比赛，经常观察他，把他的绝招都学来，最好还能和他成为朋友，经常切磋，这样才能让你更好地发展。"

对于丹尼斯来说，去了解、接触一个自己讨厌的人是件痛苦的事，但他还是相信了姐姐萝丝的话。此后，他果然经常跟杰克切磋，杰克的比赛，他每场必看，观察杰克的动作，如果是比自己好的就立刻学习，同时也记下杰克的弱点。通过接触，丹尼斯发现杰克这个人很大方，会主动为自己提意见，感动之余，也将自己对杰克的观察全都说了出来。

后来，丹尼斯和杰克成了无话不谈的朋友。丹尼斯觉得在与杰克的交往中，自己的进步越来越明显，他越发感谢萝丝的建议。

人难免会有自己的喜好，就像故事中的丹尼斯，开始时，他无论如何也无法喜欢自己的对手。的确，对于一个总让自己品尝失败滋味的人，怎么能对其产生喜爱？很多人都活在自己的喜好中，就算知道对方不错，也不想和对方搭上任何关系。说到底，他们迈不过自己心里的那道坎儿，也许是因为忌妒，也许是因为话不投机，也许是因为别人身上有自己深恶痛绝的缺点，当他们拒绝对更多的人敞开自己的心扉时，也就错过了更多的进步机会。

仅凭喜好接触他人、接受事物是明显的内向思维，在思想上，你仍然走不出封闭的圈子。你走出自我世界，看上去比之前更有外向意识，其实你只不过把过去的圈子稍稍扩大，放进一些自己喜欢的人和事物，这个圈子仍然完全按照你的意愿布置，其本质并没有发生变化，也就是说，你看上去比从前开朗了一点儿，心理上却仍然固执地绕着自己转。

如果不能改掉这种思维习惯，你的开放只是一种内向的开放，在你的世界打开了一个小门，只有特定的人才能进去，你也只肯容纳特定的东西。真正的开放心态不是如此，就像海纳百川，不会在意某条小河是否混浊，否则，大海怎么会有磅礴气象？那么，如何才能在与人接触时不让喜好决定一切呢？

**1.与人接触前，不要心存偏见**

内向者的交际面并不广，他们认识新朋友，多是经由老朋友介绍或者在自己熟悉的环境听说过某些人，在特定场合打了照面。因为事前有所耳闻，内向者会根据别人的评价在心里产生一个印象，在接触过程中始终带着这种"印象情绪"与对方交流，这就出现了他们对有些人很热情，对有些人却冷淡而敷衍。

先入为主不是一个好习惯。在你并没有接触过一个人之前，因为别人的几句话就戴了有色眼镜会让你无法得到正确的判断。别人的说法带有他们的个人情绪，你毫不思考就拿过来用，对新认识的朋友来说并不公平。何况，别人说好的未必好，别人说坏的也许只是因为误会。一个真诚的人更愿意相信自己的眼睛，他们不会在自己接触之前就轻易下定论。

### 2.克制自己内心的忌妒

每个人心中多少都有些阴暗的情绪，看到那些优秀的人，忍不住会想，如果自己也有他们一样的成绩该有多好？或者，看到那些外貌出众、成绩超群的人，也会忍不住想假如自己有他们的条件，生活会怎样……这时候，忌妒的情绪便悄然产生，在交往时，总希望能够看到他们的缺点，下意识地期盼他们倒霉一下、丢脸一下，以取得自己内心的平衡。

只要把忌妒局限在羡慕与小小的不平衡之间，就不是什么大事，谁的内心没有阴暗面？需要注意的是不要任由它肆意发展，否则，你的目光就会始终盯紧那个让你忌妒的人，从此不得安宁。其实，每个人都有自己的天赋和优点，要劝自己将眼光放开一点儿，你忌妒的人也有很多不如意的地方，难道你连这些都要忌妒？

高情商的人选择把忌妒心变为进取心，既然眼前有一个让自己羡慕的人，就以他为目标，学习他的优点与长处，站在前面的人未必是敌人，还可以是榜样，以此督促自己不断进步。

### 3.不要在意小的摩擦

人与人相处难免会有摩擦，性格与性格之间总会有所碰撞。有一种小心眼儿的人经不起磕碰，一点儿小事都会让他们记在心里，所谓"君子报仇，三年不晚，小人记仇，十年不变"，不然人们怎么会说不要轻易得罪小人？所谓的仇恨也许只是鸡毛蒜皮的小事，但在心胸狭窄的人看来，这些小事极大地伤害了他们的自尊，却不想想连鸡毛大的小事都能伤害的自尊是什么样的自尊呢？

对待摩擦应该有宽容的态度，他人和你产生矛盾，仅仅是因为观念不同，不要动辄上升到自尊的高度，没有自信的人才会整天把自尊挂在嘴边，高情商的人从不犯"一叶障目，不见泰山"式的错误，他们懂得容忍别人的小缺点，而把着眼点放在两个人的关系上，他们的态度也会得到对方的敬重，从而增加二人的亲密度。

**4.不要随便否定他人**

在人与人的交往中，内向的人常常听到这样的告诫："没事不要说重话。""重话"，一般是指对他人不留情面的否定，这种否定不论在当事人面前提出，还是在背后说起，都对两个人的关系有决定性作用：当你彻底否定了一个人，你们的关系很难再出现友好的局面。

高智商的人不会随便否定他人，因为每个人都有优点，你可以否定一个人的某个缺点，但否定整个人却是一种对他人的不尊敬。何况，你对他人能了解多少？对他人有一知半解就加以否定，说明你的智商可疑、情商有限。没有人希望交一个随便否定他人的朋友，谁知道哪一天自己不小心做了什么事，就被这样的人彻底否定了呢？

与他人交往不能完全依照个人喜好，也不能无视个人喜好。道不同，不相为谋，如果实在合不来，也不要勉强自己一定要接近谁，没有人能和所有人做朋友，只要记住不要因此而影响到你的接受能力，要始终以敞开的心扉对待你所遇到的一切，就是一个了不起的进步。

## 悲观让你逃避，乐观使你沉着

在内向者心目中，外在世界并不是只有令他们惧怕的东西，很多时候，他们也会将外在世界想象得缤纷多彩，只是碍于自己的性格，他们不愿主动进入那个世界。等到他们足够成熟、有了外向意识，也会试着融入其中。不过，他们总是遇到各种各样的难题。

当内向者终于打开心扉，尝试进入外在世界，他们会发现外在世界虽然有阳光绿树，但同样还有风风雨雨，有时候阴雨连绵，完全看不到阳光的影子，这时，他们的情绪会持续低落，恨不得继续缩回自己的"安全堡垒"。不过，他们也会在心里告诉自己："如果回去，不是在追求个性自由，而是在困难面前做了逃兵。"于是，内向者陷入了两难的境地。

世界并不是你想象的那么美好，但也不是那么黑暗。内向者经常给自己消极的心理暗示，这是一个需要克服的弱点。每当面对困难的时候，内向者还有这样一种倾向：他们首先做的不是想办法去解决困难，而是把这种困难归咎为外在世界，心想：如果自己始终像以前一样生活，又怎么会遇到这种考验？内向者必须知道的是，困难来自外在世界，但你应该拥有对抗它的勇气、解决它的力量。

一位老水手正在给自己的孩子们传授海上经验，他问孩子们："如果有一天，你们驾船出海，遇到突来的暴风雨，这时附近没有海港，你们会怎么办？"孩子们说："当然是立即掉头，尽量远离风暴，保证船只的安全！"

老水手摇着头说："不对，你们这样做更危险，因为船再快，也快不过风暴，你们的做法只会增加待在风暴圈里的时间。"

"那么，我们该怎么办？"孩子们问。

"你们应该开足马力，向着风暴冲过去，只有这样才能减少与风暴接触的时间和范围，也只有这样，你们才能尽快冲出风暴。你们要记住这件事，就像你们在生活中，如果对着困难冲过去，就有可能战胜它，否则只会被它追着打。"

我们每个人的人生都像一条船，在生活的海洋里颠簸，既享受着万顷波涛的自在，也常常会遇到暴风骤雨。在困难面前，内向者应该学会调整自己的心态，一味地给自己悲观的暗示只会促使你临阵脱逃；乐观而执着则会让你冷静下来，在困境中审时度势，然后像故事中的老水手那样迎着风暴加大马力。所谓困难就是如此，你解决的速度越快、力度越大，它就越不可能对你造成太大的伤害。

外向意识是一种需要考验、需要磨炼的意识，单纯的好奇、一时的激情不足以让它对你的人生产生深刻的影响，因为外在世界也有一成不变的平庸面，更有冷水连盆浇下的困难面，仅凭好奇和激情，三个回合下来恐怕就要大失所望。想要培养外向意识，先要让自己有足够的承受能力和足够的信心，记住以下三条法则，它们会陪伴你一路前进。

**1.智慧与善良同在**

内向者想要在外在世界占据自己的位置，需要牢记坚守自己的本性：

如果你是一个懂得为他人着想、心怀善良愿望的人，就不要让外在世界的诱惑干扰你的心智。不要因贪图享受而放弃良心，不要因爱慕虚荣而丢弃原则，不要因心怀私欲而扭曲善良的本质。善良的人宽厚朴实，是人人尊敬的君子，他们一时间也许没有显赫成就，但他们终有一天会有丰富的人生。

与善良为伴的应该是你的智慧，智慧不会凭空得来，对于稍显笨拙的内向者，智慧需要在无数次失败中历练。不要因为善良就轻信他人，不要因为柔软就屈从于他人的意志，要始终保持清醒的头脑、冷静的判断力和与人为善的意识，这就是一种为人的智慧。

### 2.勇气与努力共进

面对外在世界，最需要的不只是技能，还有勇气。内向者最缺少的恐怕就是一份抗打击的勇气。在一个压力无处不在的社会，人们每天都在被巨大的压力挤压，就连那些看上去光鲜的成功人士也常常担心自己会被压垮，何况是刚刚进入其中的内向者？这个时候，你不妨看一下身边的榜样，参照那些对抗压力而走向成功的中外名人，他们的经历能够给你极大的启示，让你相信只要努力就能改变命运。

努力既是勇气的结果，也是勇气的来源。一个勇敢的念头会让你发愤图强，而这个努力的过程会让你知道困难并不那么可怕，并不是不可征服的，于是你得到了更多的勇气和信心。所有的成功都是勇气与努力共同作用的结果，你不能放弃任何一个方面。对于内向者来说，进入外在世界本身就是一种勇气，那么，为了这个决定，你更要加倍努力才行。

### 3.沉默与深思并存

内向者都向往过自己有一天也能"舌战群儒"，在与人争辩时舌灿莲花。他们很看重自己并不具备的能力，并认为会说话的人在外在世界才能吃香，其实这是一种错觉。外在世界并不是一个声音世界，而是个讲实力的地方，没有成绩，声音再高、说得再好听，也不会因此得到成功。

内向者不必过度在意口头功夫，只要将自己的语言功底训练到一定程度，达到交流无碍即可，而且，话语还有更重要的意义，在于你能不能说到做到、说得有没有道理，这些都是别人注重的"实在"部分。当你不知道该如何说的时候，不如想想怎样做。别人看重的不是你说了什么，而是你做了什么。只要结果好，你就是一个有智慧的成功者。

人活着不能仅仅当一个乐天派，什么都不在乎、什么都不想，这是一种虚无论调，没有多少分量，对待生活必须有足够的考量，才能有足够的警惕，面对困难，我们要有清醒的头脑，要乐观，这才是我们自始至终应有的状态，在这种平衡的心态下，就像风扇动船帆时，手紧紧地握住舵，人生的船才能在你手中一路平稳地行驶。

## 面对不同人群要持多样态度

有时候，内向者很希望有一本为自己量身定做的教科书，上面写着他们即将遇到的人，并说明这个人的性格及交往时有何注意事项。不是内向者偷懒，不愿思考，而是他们在面对外面的世界时常常遇到这样的困扰：人与人千差万别，无法在第一时间找到最佳的相处方式。其实，太过刻意的态度、太有针对性的话语反倒会让人觉得你过于圆滑，你有你的优点，别人注重的其实是这些。只要你给人的印象足够好，就算在第一时间找不到最佳的相处方式，在第二时间、第三时间、第四时间……等到你们有了足够的了解后，方式自然而然就找到了。

在人与人的交往中，决定你们关系的往往不是你出色的交际能力、讨人喜欢的外表、高贵的身份，而是你对待他人的态度。反过来想想：两个同样优秀的人在你面前，一个眼睛长在头顶，看都不看你一眼；另一个看上去很亲切，正在对你微笑，你会选择哪个做你的朋友？人们常常赞美某些人天生有亲和力，亲和力的关键不是面善，而是得体的态度。

态度并不是一成不变的，它有平等、尊重的本质，也同样需要一些小变化，因为你面对的人是不同的人，性格不同、喜好不同。同样的笑容，有些人可能觉得你亲切，有些人却会觉得无事傻笑的人大概想用表情掩饰能力的不足。对前者，你的笑容就是你的魅力点；对后者，严肃一些、直接拿出自己的学识才会让他折服，这就是态度的区别。

一位作家在文章中提到过家乡的一家饭店，那家饭店并不大，每天宾客盈门，因为大家都喜欢这家饭店的老板娘。喜欢她，并不是因为她漂亮，而是因为她的细致体贴。

老板娘很热情，客人进门，她会根据客人的身份推荐饭菜，例如："师傅，下班了？今天的熘肝尖不错，配上一两白酒，正好暖身子。""你是学生吧？不如来个苦瓜炒肉，明目去火。""你刚从公司出来吧？今天有烩鱼丝，来一盘，又营养又不怕胖，最适合姑娘吃……"她会根据客人的需要提出建议，也不会怂恿客人多点菜，这里的客人都觉得老板娘人好，回头客不断。

不是一成不变的上菜，而是满足不同客人的需要，这也许是这家店宾客盈门的秘方。

与人交往，只有真诚和开放的心态是不够的，还需要智慧和技巧。就像故事中的老板娘，能够从一个人的衣着举止中推断出他大概的工作，有针对性地提出菜色供客人选择，营造了一种"宾至如归"的良好感觉。在社交场合，对待不同的人需要关注不同的地方，知道该谈论什么、该忌讳什么。

对待他人，你要首先有一个基本的态度：开放与平等、真诚与尊重。还要根据对方的特点持有不同的态度，以保证你们交往的质量。如何决定自己的社交态度？这要看你遇到了什么样的人，以下几点能够让你对认识的人有一个大致的定位。

**1.国家和地区**

了解交流对象的背景，首先要了解对方所在的国家和地区。每个国家、每个地区都有自己的习惯，文化与文化之间甚至会出现激烈的冲突，就拿拥抱来说，在某些国家，你不接受别人的热情拥抱，对方会以为你没有交朋友的意愿。但在某些国家，你想热情地给对方一个拥抱，对方会认为这是一种冒犯。

要顺应对方的习惯，而不是要求对方来适应自己，这是最基本的尊重。你也可以委婉地表达你的忌讳，对方自然不会为难你。不同国家、不同地区的人交流起来会有别样的乐趣，会满足你丰富的好奇心，激发你对世界的更多向往。

**2.职业和身份**

人与人刚刚认识的时候，为了表示尊重，不会直呼对方的姓名，而是依照对方的职业和身份称呼对方，如"××老师"、"××编辑"、"×科长"，等等。和陌生人打招呼也不能随口称呼，需要观察一下对方的大概情形。例如在田地里看到一个老人，你叫他"先生"或"老先生"，会显得你迂腐、不会说话，称呼一句"老大爷"才能让你看上去更讨喜。

使用正规称呼的好处是即使你判断失误，也不会造成你的尴尬。例如你看到一个发福、面相老的女人，你尊重地叫对方"夫人"，说不定对方还是一个姑娘；你叫对方"小姐"，万一对方是有身份的人，会显现出是你在讽刺对方。这个时候还是中规中矩地称呼对方"女士"为好。

**3.交流的场合**

尊重有广泛的含义，不仅要尊重你面前的人，还应该尊重你们所处的场合，因为这个场合本身就是人的集合。在正式的场合，穿正式的服装、使用标准的称呼不是客套，而是基本的礼貌与修养。一个人可能有多种身份，要根据场合确定对他的称呼，就如同在学校里，女儿会叫当班主任的妈妈为"老师"，这就是最简单的对"场合"的尊重。

而在私下的场合，你就可以根据远近亲疏，更加自由地与他人交流。

例如，在称呼上，你可以叫对方的小名，甚至起个无伤大雅的绰号，这才能显出你们的亲密关系。如果你一味地严肃，在私人场合也一副公事公办的面孔，别人不会觉得他是你的朋友，难免对你产生距离感。

**4.性格与喜好**

相由心生，从外貌举止上能够大体推测一个人的性格，从旁人的议论和他自己的谈话倾向上也不难猜到他的喜好。对待刚毅严肃的人，不适合有事没事开玩笑；对待嘻嘻哈哈的人，你板起面孔会扫了对方的兴致；对待买卖人，说些吉利话会让他们觉得有好彩头……投其所好不是刻意讨好，而是一种迅速拉近人与人距离的社交技巧。

还要注意的是，世界上不是只有你熟悉的人，还有更多的人你不熟悉。对待交际应该始终保持慎重的态度，不要自以为是地猜测别人的性格，也不要武断地判断一个人的喜好。有时候你会觉得某个人和你之前认识的人很像，但千万别把他们重叠，他们的性格也许刚好相反。

走向外向世界，面对形形色色的人群，你要有多样的态度。在不了解对方之前，尽量使用中性词汇、句子，不要卖弄你的幽默，才能够最大限度地降低人与人之间的摩擦，使你们的相处在融洽的范围中更进一步。

## 第十五章 修炼五
## 脆弱：让你的心走上强大之路

### 别人是否讨厌你并不重要

"我不想去上学，我觉得大家都讨厌我。"不知有多少个内向的孩子在年幼的时候说过这句话，有过这种心态。这种"讨厌"，包括轻视、不理解、排斥，这些负面感觉压在孩子心上，让他们厌倦、恐惧。事实上，他们未必受到轻视和排挤，有些时候是他们太过敏感，别人一个眼神、一个无意识的动作都能让他们产生"被讨厌"的错觉。

随着年龄的增长，这些人逐渐形成了自己的世界观，逐渐建立了自己的生活圈，这种情况是不是就会好一些？没有。多数内向的人的心里始终对人际关系存在一种畏惧，害怕别人讨厌而影响他们做人做事的热情，只是他们不再把这种担心说出来，因为他们说不出口，说这种话的人有多脆弱？又有多胆小？

敏感是内向者的一大特点，他们的自尊心超强，对其他人的动作和感情流露很在意，而且常常会把这种流露与自己联系起来，得出和自己有关的结论，例如，"某某这样说，是不是对我有意见"、"某某说这句话，是否在针对我"，整天这样想的人会给身边的人带来很深的无奈，致使他们做事不得不小心翼翼，以免让敏感者产生误会。其实他们很想直白地说："大家都很忙，没有那么时间天天盯着你、讨厌你。"

邹亮上大学时学的专业是平面设计，毕业后在一家广告公司工作。邹亮是一个优秀却敏感的女孩，很在意别人对自己的看法，她工作努力，却得不到上司的肯定，心里暗暗着急。

一天，邹亮在洗手间无意中听到上司在打电话，上司带着不屑又烦躁的口吻说："真不明白现在的大学生在学校都学了些什么？笨得要命，教什么都学不会，做出来的东西根本不能看！"邹亮认定上司在说自己，她心想自己很快就要被上司辞退了，情绪十分低落。

好在邹亮是个负责任的人，虽然有要被辞退的预感，她仍然认真地做着手头的企划，只是每当同事们聚在一起时，邹亮就觉得他们在议论自己的不是；每当上司投来一个眼神，她就觉得上司在琢磨怎么炒她鱿鱼。后来，邹亮把企划书交上去，却得到上司和同事的一致称赞，同时另一位同事被解聘，邹亮这才明白：那天上司抱怨的人并不是自己。

一场虚惊过后，邹亮明白自己不必去在乎别人说什么，即使上司说的真的是自己又能怎么样？她同样能交出出色的企划，比起别人的评价，自己做的事才是最重要的。

故事里的邹亮就是个敏感的人，对于上司的一句话，她想都不想就揽到自己身上。在这里，我们可以看到敏感的人有另一个特点：当别人夸奖什么时，他们往往不会想到自己；但当别人贬斥或者说了什么不好的话时，他们总是第一时间想到自己，并把这件事定义为他人对自己的厌恶，由此可见，他们对自己的评价并不高，至少他们对自己没有清醒的认识。

没有人能讨所有人喜欢，你当然也不例外，可是，一个人要得到所有人的讨厌，也需要一定的功力。仔细想想，你身上真的有那么多的缺点吗？还是仅仅是你自己这样认为？要相信更多的人和你一样，会盯着别人的优点，而不是吹毛求疵。再进一步想：除了极少数亲友，别人的看法真的那么重要吗？

如果你还是觉得不能释怀，那么不妨分析一下别人为什么讨厌你、是什么原因让他们看你不顺眼，当面对一些真实的厌恶，又该怎么做？别人对你的"厌恶"来自于以下几个方面，你要注意区分，并用合适的方法及时化解。

**1.你的某些行为让他们反感**

每个人身上都有缺点，你不能要求所有人对自己宽容，总会有些人不愿忍受你。这些缺点有时是小事：例如，进门的时候总是忘记关门；喝过咖啡的杯子不及时清理，以致发霉而散发异味；做事慢一拍，给人添了麻烦……这些都是你应该及时改正的问题，如果别人提出，你应该尽量改掉，不要为了保持"自我"而非要做让人讨厌的事。

还有一些问题涉及你的性格，比如有些人就是讨厌内向的人，认为内向的人连一句话都说不明白，或者厌恶你不够果断，这些问题并不是出于某种偏见，它们往往出现在你与他人共事中，你的某些性格因素的确给他们带来了麻烦。有则改之，无则加勉，也许在他人的促进下，你能够拥有更加有效率的办事方法，这未尝不是一件好事。

**2.忌妒**

有时候你觉得奇怪：为什么你无论做什么都有些人看你不顺眼？即使你做了对他们有利的事，他们还是一样挑三拣四？这个时候你不要检讨自己的错误，而是要明白你的优秀引来了某些人的眼红，他们忌妒你，所以要挖苦你，甚至诽谤你，这是他人的一种不正常的心态，不要因为他人的错误而让你自己难受。

培根说："忌妒是常见的社会现象。"遭人忌妒不奇怪，这在侧面恰恰说明了你的优秀。不要因为他们的打击丧失信心，有压力就要有动力，你不需要为了保持他们的心理平衡而委屈自己，只要你保持平和的心态，流言自然会离你远去。

### 3.先入为主，对你产生偏见

有些人很注意"第一印象"，你留给他们的第一印象不好，他们就会对你产生偏见。例如，你给人的第一印象是不爱说话，他们很可能认为你不善于与人交际，不适合做销售类工作，这种偏见并非厌恶，可以通过实际行动加以证明并得以解决。

还有的时候，人们被流言蜚语影响，对你产生一些不好的想法，甚至厌恶你，这个时候，你不需要多加辩白，要相信，日久见人心，当他人了解你之后，流言就会不攻自破。

### 4.缘分不够，对方看不顺眼

有时候，人与人的相处讲究一个"缘"字，我们都看到过这样的现象：两个人的人品、才学、性格都不相上下，所有人都认为他们会相处得不错，可他们偏偏处不来，也就是人们说的"不合眼缘"，这种情况不必强求，你不能和世界上所有人做朋友，只要对方不来伤害你，与你保持一种距离，不去接触即可，不要为自己不讨人喜欢而烦恼。

想要在别人眼里得到好印象，首先要为自己建立良好的形象，要时刻记住你是一个独立的人，你可以尊重他人的习惯，也可以改正自己的缺点，但你不需要为了迎合别人的喜好而改变自己，要克服敏感，你需要的是独立和自主意识，而不是逢迎与无原则的更改。当你成为一个完善的、有魅力的人时，喜欢你的人自然就会增多。

## 不要把自我价值附着在别人身上

在商场里，我们常常看见这样的场景：一个女孩正在试衣服，旁边有人说了句："皮肤这么黑还穿花衣服啊？"女孩便会立刻扔下那件衣服，根本不会想那个被说的人是不是她？她穿这件衣服究竟好不好看？她完全失去了自己的判断力，也完全放弃了自己的选择权。

这些人为什么会如此敏感？因为他们太在乎别人对自己的看法，并把这些看法作为评价自己的标准，他们认为自己是否有价值就在于别人是否肯定他们。如果他们今天得到身边的人一句夸奖，他们就会觉得自己不错；如果他们明天得到身边的人一句批评，他们又会觉得自己差劲透顶。夸奖的人多了，他们便自我膨胀，认为自己无所不能；批评的人多了，他们便自我贬低，觉得自己的生命没有意义……总之，他们因为敏感而形成了一套扭曲的价值观。

敏感的人的生活重心不是自己，他们最在乎的不是自己的事业、自己的生活，而是别人对他们的评价，可以说，他们成就事业和生活都是为了让别人看，为了让别人看得起自己，这是一种掺杂了虚荣心与自尊心的敏感，其实他们把自己看得很高，很怕理想和现实之间有落差，于是就按照他人的评语拼命弥补，生怕自己不合格。

安娜是个有点儿自卑的女孩，她总是觉得自己不够漂亮，比起同龄的女孩子少了一份活泼开朗，在女孩子们参加舞会的时候，她常常窝在家里看书。

圣诞节那天，姐姐要在家里开一个圣诞舞会，她给安娜发了请柬，又送给安娜一个漂亮的发卡，那个发卡是亮丽的橙黄色，做成蝴蝶的形状，镶了明亮的碎钻，在灯光下闪闪发光，安娜一下子被这个发卡吸引了，她觉得只要戴上这个发卡就一定能够吸引别人的目光，于是，一向对社交活动敬而远之的她决定戴着它去参加圣诞舞会。

舞会进行得很顺利，大家都夸安娜很漂亮，有很多受欢迎的男生主动来请安娜跳舞，安娜一下子对自己有了信心，她相信，这都是那个发卡的魔力。

安娜开心地回到家，妈妈对她说："你回来了？你真是粗心，你的姐姐那么费心地帮你买了发卡，你竟然忘记戴在头上。"安娜这才发现她根本没把那个发卡戴到头上。

安娜这才明白，有魔力的不是发卡，而是自己对自己的肯定。

安娜是个幸运的姑娘，如果她戴了那个发卡，也许她会认为受欢迎是因为发卡的魔力，由此，她就认识不到自己的价值。如果她一直认为给自己带来幸运的是一些外在的因素而不是自己的魅力，那么她即使有了自信，这份自信也是附着在其他东西上的，总让人觉得不牢靠，这不是真的自信。

敏感的人必须正视自我价值，即使现在还弱小、能力有限，也要看清自己的优点，承认自己的缺点，认可自己发展的可能。不要让别人来定义你，更不要根据别人的一句话来决定你的人生走向，生命的意义要靠自己来创造，否则，生命就是一种附庸、一种浪费。那么，如何确定自我价值呢？

### 1.独立的价值观高于一切

想要确立自我价值意识，首先要有独立的价值观。独立的价值观就是承认生命中最重要的东西就是自我的存在，要相信自己是一个独一无二的个体，自己的存在有独特的价值，谁也不能抹杀和否认。

与独立价值观对应的不是敏感，一个人如果过于敏感，就会像枯萎的向日葵一样低下头，露出光秃秃的茎秆，不再美丽，也不能吸引别人的目光，这对自己、对他人都是莫大的损失。此外，价值观无所谓好坏，喜欢赚钱的人不一定会变得唯利是图，热衷仕途的人也不一定会变成权力的崇拜者，要知道，你有能力主宰自己的命运。

### 2.对事物要有自己的看法，不要人云亦云

脆弱的人往往因为没有主见，对于事情，他们习惯听别人的看法，再把别人的看法作为自己的看法加以转述，这其实是一个相当糟糕的习惯，难道你愿意当别人的复读机？不要别人说什么你都认为是对的，要有辨别能力，更要有自主的思考意识，更重要的是要表达自己的思想，这样才能让他人了解你。何况，表达自己本身就是在培养独立意识，因为你会对自己说出去的话负责，这会让你对言论有端正的态度，你需要仔细思考、详细调查，才能发表出真正有见解的看法。

### 3.培养自己的优点，让自己变得独特

人的生命只有一次，世界上也只有一个自己，这个事实决定了你本身的独特。但是，想要得到别人的承认，你要不断地培养自己的优势，让自己能够在人群中脱颖而出。你的优势可能是事业上的能力，可能是感情上的亲和力，也可能是会煮饭、能写一笔飘逸的字迹……优势其实没有大小之分，只要功夫深，都能显出你的卓尔不群。

没有人生来就一无是处，就算你现在觉得自己不完美，这也不要

紧，通过努力，你能建立起自己的信心，让自己变得更好。要相信，是金子就不会被埋没，即使别人暂时没有承认你，终有一天你也会发出夺目的光彩。

## 别人的未必好，你的未必差

内向者的敏感有时来自其内心过于纠结的思绪，有时来自外界的影响，有时来自一种未必正确的心理落差，他们常常觉得别人的都是好的，自己的都是差的，尽管实际情况可能是别人的不是那么好，他们的才是最好的，这是一种主观偏见，而他们却无法克服。

小的时候，孩子们吃着邻居家的饭，总是觉得比自己家里的好吃，事实上，家里的饭菜未必难吃。为什么会有这种错觉？因为邻居家的饭不是顿顿吃，于是给了他们一种新鲜感和刺激感，或者说是陌生感。因为不熟悉，所以觉得好，而太熟悉的却显得平平常常；因为自己没有，就觉得很新鲜、很羡慕，而对于自己拥有的东西却视而不见。

总觉得别人的东西好，未必是一种贪婪，也许只是因为某种自卑。不过，如果永远盯着别人的好处，忽略自己拥有的东西，就会让自己很难有满足感，这也是一种不公正。比如，你总觉得别人的朋友够义气，那么你的朋友就会认为你不重视他们的奉献、看不到他们的付出。人始终应该多多关怀自己、欣赏自己，这样，生活才能快乐。

　　一位国王正在他的花园里散步，他看到各种各样的植物竞相生长，心中充满了喜悦，他每天都会在这份静谧的自然美景中享受一段独处的时光。

　　一次，国王去国外访问，用了将近两个月的时间。回到王宫后，他首先走向花园，可是，花园里的情形让他大吃一惊：所有植物都枯萎了，只有野草还在蓬勃生长。

　　国王大怒，叫来花匠，想要治罪于他，花匠说："尊敬的国王，请您听听这些花草的说法，再决定要不要处置我。花草们，请你们告诉国王，你们为什么会枯萎？"

　　一棵棕树悲哀地说："因为我不想活着，我就算再生长，也不能像樱桃树一样结满樱桃。"

　　樱桃树说："我也觉得活着没意思，能结樱桃又怎么样？我无法像百合那样美丽。"

　　百合说："我的生命太短，只有一个季节，不能像树木那样繁茂，不如早一点儿结束。"

　　国王大吃一惊，最后问野草："你说说，为什么只有你活得这么轻松？"

　　野草说："因为我坚信自己是最好的，就算没有树木的挺拔、果实的甘甜、花朵的芳香，但是我有极强的生命力，能生长在任何地方，我一直这样自由自在！"

　　国王对那些枯萎的植物说："你们有这么多优点，竟然还不如一株野草！"

　　敏感的人容易怀疑自己，而坚强的人无论在哪里都能找到自己的意义。一旦敏感，即使芬芳的玫瑰、高大的棕树、美丽的樱桃树也会觉得自己的生活没有价值，甚至还不如一株野草，而那些心境开阔的人，永远能像小草一样自由自在，觉得充实、快乐。

在生活中，我们很难摆脱"比较"这种行为，好与坏，有时候一眼就能看出，但是，我们看到的毕竟只是生活的表面，那些表层的光鲜并不代表实质，你觉得好的未必真的好，你认为差的，也许只是低调地隐藏了其实力。其实，你不必去想别人如何，认清自己的生活才是最重要的。心理有落差的时候，不妨试试下面几种方法：

**1.以全面的眼光看待问题**

当你因为自己的某种不足，对能力和现状产生怀疑时，不要自卑，也不要一下子变得消沉，而是要用客观的眼光重新审视一下让你不快的不足，要想想它是如何产生的、继续发展会怎么样、能不能改变、如何改变能够克服它？一定要看到问题积极的一面，而不是死抓着消极处不放。

然后，你再拿自己的状况和别人对比一下，需要注意的是，你不要盯着别人有多么幸运，而要看他们在相同的状况下是如何克服的，他们是用什么方法得到了你看到的"幸运"，找到别人的"顺利秘诀"会让你对克服困难更有信心。

**2.以自己的优点对比别人的缺点**

确立自信有一个"偏招"，就是在心里暗暗拿自己的优点和他人的缺点进行比较，发现自己的优势。当然，千万不要将这种优越感表现出来，记在心里即可，它能够让你有小小的窃喜，对自己保持充足的信心。

有这样一个笑话，一个人从俱乐部回来，说自己打败了世界围棋冠军和世界网球冠军。别人说他吹牛，他得意扬扬地说："这很简单，我和网球冠军下围棋，和围棋冠军打网球。"这种做法虽然有点儿投机的嫌疑，但至少你能明白没有人擅长做所有事，你总有比别人高明的地方，即使你在某一方面糟糕透顶,但在你擅长的方面,你依然是让众人交口称赞的能手。

**3.把别人的优点变成自己的优点**

觉得自己比别人差,有时候是一种敏感,有时候是一个事实。不管怎样,人应该有上进心,觉得差就要让自己变得更好,与其羡慕别人,不如发挥"拿来主义"思想,直接把别人的优点学过来变成自己的优点,这时候,你还会觉得自己比别人差吗?

一个高情商的人应该这样看待竞争与比较:别人的优秀可以督促自己前进,但自己跟自己比更重要。如果你每一年都能发现自己比上一年进步了一大截,这就是一种难得的成就。尽量发现自己的优点、学习别人的优点,这些都能让你从失败走向成功。

## 优柔寡断就是放弃决定权

很多内向者都有这样的经验:面对一个选择,虽然自己心里有倾向,却总是想不明白,不知道哪一条路更好,总想去问问别人的意见,如果别人能很肯定地对他说:"就这么做!没有错!"他们心头就放下了一块大石头,忙不迭地照办。他们的果断不是自己的,选择也不是自己的,在多数事情上,他们第一时间想的都是"谁能告诉我怎么办",这就是人们常说的优柔寡断。

优柔寡断的人在内心深处希望自己永远不要失败，这就造成了他们行动上的拖延，他们觉得不选择就是还没失败，他们甚至会这样安慰自己："我不是在拖延时间，我是为了想得更周全。"其实在很多时候，事情想得越多，就越难以作决定；时间拖得越久，事情被耽误得就越严重。到手的时机也会在他们的拖延下溜走。优柔寡断的人害怕选择，其实他们害怕的是承担选择的结果，这是一种懦弱。

优柔寡断的人还有一个特点，就是"乖"，他们害怕选择，恨不得所有事都有人为他们作决定。于是，当别人决定了什么，他们会立刻执行，让那些爱指挥的人很有成就感，而那些有见识的人则深感担忧：谁能一生都为他们作决定？何况，如果决定作错了，他们又会抱怨。然而，是他们自己放弃了决定权，又能抱怨谁呢？

有个叫林岚的女孩从小就是个乖乖女，在家凡事由父母做主，在校听从老师说的每一句话，她从来都没有过自己的主见，就连每天身上穿什么样的衣服都要问妈妈，由妈妈决定。

上大学以后，林岚的生活没有改变，就连交什么样的朋友也要先问妈妈，等到妈妈点头之后才会与他人接触。有一次，宿舍要组织一次春游，去郊区的一个风景区，正当大家准备出发时，林岚却说她没打通妈妈的电话，没有经过妈妈的同意，不知道能不能去，这让宿舍的其他人笑得前仰后合。

也许就是因为凡事都无法定夺，工作后的林岚总是优柔寡断，很多事不能及时找妈妈商量，身边也没有朋友，于是她瞻前顾后，对工作中遇到的问题一筹莫展，对人际关系也不知如何把握，在社会上，林岚几乎寸步难行。

一个决定意味着一次选择，选择无论大小，都会对人生产生或多或少的影响，故事中的林岚从来没有选择，或者说，她只有一个选择：听妈妈的。渐渐地，她失去了分析问题的能力，失去了分辨喜好的能力，更甚者，她失去了与人交往的能力，失去了工作的能力……

习惯凡事都听别人的，希望别人能为自己负责，实际上就是在推卸责任，这样的人不但长不大，也很难有大的发展，因为他们一生的道路都要靠别人铺设，一旦那些铺路的人不在了，他们便完全没有承担的能力，只能对着现实仓皇失措。所以，趁你还年轻，一定要改掉优柔寡断的毛病，学会凡事由自己作决定。让我们看一下果断的人是如何作决定的吧。

**1.在心中反复衡量，有舍才有得**

当我们需要决定一件事的时候，首先要在心中这样衡量：可不可以做？做与不做的后果是什么？自己有多少胜算？自己能不能承担选择的后果？如果答案大多是肯定的，就可以果断行动，否则就要干脆放弃，任何拖拖拉拉的行为都会增加事情的难度。

对于一件事，之所以会反复衡量，是因为事情不是那么单一，有得到必然有失去，在取舍之间造成了犹豫。要知道，有得必有失，我们的生活就是用一些东西去换另一些东西，关键在于你更看重什么，不要妄想什么也不会失去，那只会让你失去更多，也不要以为不作决定就能维持现状，那只会让你被现状推着走，而且会剥夺你的自主权，让你越走越糟。

**2.作决定时要果断**

果断是优柔的克星，作决定的时候不要左顾右盼，不要朝三暮四，不要缩手缩脚，一旦下定决心就要有这样的意识："我要这么做，谁也不能改变我，就算失败，这也会是我的宝贵经验。"如果做任何事都有这种意识，你就能摒弃优柔、敏感，逐渐变得自立、果敢。

此外，人的决策水平与他的知识结构及社会经验有直接的关系，知识与经验越多,决策力越强,所以你不必为自己经常办错事而忧虑,从那些错误中积累经验,不断充实自己的学识,要记得有识才有胆,有胆更有识。

**3.遇事冷静,不要慌乱**

生活中总有一些突发事件会打乱你的阵脚。当你习惯于事事计划,做好细致工作,万事俱备只欠东风时,西风突然猛烈地刮了起来,且越吹越厉害,足以让你焦头烂额,一时之间不知如何是好,抱怨和哀叹也就成了情理之中的事。

然而,你要知道,抱怨与哀叹几句有利于情绪的释放,释放过后,还是要立刻打起精神来思考解决办法。首先要排除外界的干扰,稳定住自己的情绪,分析事情之后应采取果断的行动来解决问题,要记住,当你认为糟糕的时候,做些什么好过什么也不做。做些什么,你也许会找到转机,或是弥补一些损失;什么也不做,事情就会越来越糟,直到你完全处于被动,再也扭转不了局面。

高情商的人在任何时候都不会放弃自己的决定权,因为那代表了他们的立场和利益,他们的理想与坚持也代表了他们对命运的把握。有时候,我们难免因选择而伤感,但伤感不是优柔寡断的理由,要记住,当你想得到的时候,首先要学会的就是放弃。

## 你需要改造敏感的神经

从祝福中，我们能够得知多数人的愿望。送别他人时，我们会说"一路顺风"；他人过生日时，我们会祝愿他人"万事如意"；行动前，我们会说"马到成功"……我们希望别人顺利、如意，其实这也是我们对自己人生的期许：不要有风浪，一直平顺，心想事成，没有伤痛，只有欢喜。

其实，我们之所以会有这样的祝福，就是因为知道人生要经历太多的失意与挫折，当我们希望一路顺风时，刮来的偏偏是逆向的沙尘暴；当我们希望万事如意时，遇到的偏偏是屋漏偏逢连夜雨；当我们希望马到成功时，却发现马儿停在半路不肯继续走……人生有时就像一场黑色幽默，你越是希望什么，越是得不到什么。

敏感的人对人生之苦最有体会，因为他们把什么都看成苦，自然就要比常人遭受更多的"折磨"，就像别人被路上的一块小石头绊倒之后不过是站起来继续走，最多发发牢骚，而他们却先要哭一场，然后埋怨命运不公，竟然在路上放了一块石头，最后不停地想，假如没有这块石头，自己的生活将会有多么美好。

林铭是市内一所重点高中的尖子生，他的人生可谓一帆风顺。他出生在一个山村，靠着自己的努力考上了县里的初中，又因为成绩优秀而进入市里的重点高中。因为他比其他学生更加用功，所以他的成绩一直很优秀，赢得了所有老师的称赞。

也许是因为没有经历过什么打击，林铭的心理承受能力比较脆弱，偶尔一次发挥失常，成绩出现波动，他就会连续几天睡不好，死盯着成绩单发愁，生怕自己下次再考不好。偏偏事情不凑巧，高考前的几次模拟考，林铭的成绩一次比一次差，他整天陷在高考可能会失利的恐慌中，没心思学习。

班主任找林铭谈话，语重心长地说："没有人能都一直一帆风顺，要是所有人都像你这么敏感，经不起一点儿打击，那么世界上便不会有成功者。现在你只是模拟考没考好，如果高考没考好，难道你就不活了？不论发生什么事，生活都还要继续，记住这一点。"

林铭回到宿舍后，一个人想了很久，他承认自己对自己的期望太高，所以才变得如此敏感，长此以往，就会经不起任何大风大浪。后来，林铭的成绩出现过一些反复，但他的状态明显变得比以前轻松了，高考时，他顺利地考入了重点大学。

"不论发生什么事，生活都要继续。"这句话极有道理。故事中的林铭虽然是个优秀生，却经不起打击，一帆风顺的时候，他能够风光无限，一旦风向变了，以他敏感的个性能否保持从前的辉煌？有时候，人的神经必须粗一点儿才能扛得住大风大浪，达到一种"任凭风吹浪打，胜似闲庭信步"的从容境界。

内向的人敏感多思，更容易遭受打击，但你必须知道，人生就是一个被打击与顶住打击的过程，如果纵容自己的敏感，让敏感变成脆弱，你如何独立？谈何成就？要给自己上一堂锻炼承受能力的课，改造自己敏感的个性，让自己由内而外地强大起来。以下几点值得我们借鉴：

**1.打起精神，多多接触欢乐的氛围**

敏感的人要让自己变得洒脱，就要使自己的生活更加充实，让自己没有时间去想郁闷的事。难过的时候，提醒自己打起精神，多与那些幽默的人接触，多和身边的人说笑，多看看那些有趣的娱乐节目，让自己有一份好心情。

就像一个气球，如果不充气，它就会皱皱巴巴的，一旦充实起来，它就会变得异常美丽，快乐地在天空中飘来飘去，所以我们要让自己当一只充足气的气球，而不是撒了气，干瘪地待在角落里。

**2.主动去协助他人**

人是情绪化的动物，敏感的人能被负面因素打击，就能被正面因素激励。改造自我并不是强硬地把自己打倒再重新塑造自己，也可以因势利导。利用自己的敏感特征树立自己的信心。经常去协助他人，在协助中得到团队的认同感与交际安全感。被伤害不如被需要，被需要的人能够体会到自己的价值所在，不会总是患得患失。

协助他人的机会很多，你可以主动去做他人的助手，也可以主动地提出帮对方分担一些工作，这样做既能让他人省去一些力气，也能让你得到一些经验。需要注意的是，只有当你确定自己有余暇、有能力的时候才能去协助他人，否则你就会打乱他人的计划，受到他人的抱怨，费力不讨好。

**3.常常劝自己放宽心**

敏感的人有个特点，他们喜欢用放大镜看问题，一点儿小事会被他们放大为重大烦恼，所以他们才一天比一天郁闷。试问：谁走路能够从来不摔跟头？看开一点儿，烦恼不过是路上的石头，你完全可以无视它，然后继续赶自己的路。

人活于世，需要懂得自我开解，敏感的人把生活看成一汪苦水；普通人将生活看作咖啡,有时享受,有时苦涩;高情商的人把人生看作一杯上好的清茶,入口虽苦,但回味无穷。不论你做与不做,你的人生也只有这么一次,那么,为什么要在敏感中消磨生命的热情、抵消生活的趣味?把自己的心态放宽,你会发现更大的世界,同时拥有更精彩的人生。

## 坚强是一种质朴而强大的力量

内向而敏感的人并不像别人以为的那样,对自己的弱点一无所知,相反,他们从很小的时候就能够意识到自己太过多疑和脆弱,他们非常想摆脱这种心态,但是,因为一贯的懦弱,他们对自己的缺点难以启齿,如果别人批评他们,他们又会觉得很受伤,于是批评的人便不好继续苛责,于是,在自己和他人的纵容与照顾下,他们越来越敏感。

想要摆脱敏感和脆弱,就要培养与敏感和脆弱相反的品质,这就是坚强。人们时常标榜坚强,但坚强并不是一句空话,当一个人哭泣的时候,你对他说:"坚强点儿。"其实,说这句话并不能安慰与鼓励他,他何尝不知道需要坚强?其实他一直想问一问:什么是坚强?怎样才算坚强?不哭算坚强,还是不把悲伤当一回事儿算坚强?那么,无情算不算坚强?

每个人对坚强都有不同的定义,但它有一个核心:坚强是不对困难妥协、不向压力低头,在任何时候都要尊重自己的生命和个性。坚强不是自私，是一种对自己的关爱和维护，它能够揭示生命最深刻的含义：努力向上，自强不息。

有一个男孩，英语对他来说是老大难，他的各科成绩都很优秀，唯独英语总是扯他的后腿，老师说，如果他再不想办法提高英语成绩，重点大学的门就会对他关闭。这个男孩也着急了，参加了不少辅导班，可是老师们都认为他根本学不好英语，一个老师干脆说："你啊，除非把英文词典全背下来，再把所有习题做五遍，不然不能学好英语。"

老师的一句戏言，男孩却当了真，回到家没日没夜地背单词、做英语，于是他的英语成绩飞速提高，老师们都很惊讶。高考时，他的英语成绩考到了130多分，让老师与同学们大吃一惊。这个男孩首先给辅导班的老师打电话，感谢他的提点，辅导班的老师听了之后说："什么？你真的背下了整本词典，还把所有习题做了五遍？"

坚强是什么？坚强不是一句空话，而是一种质朴的力量。坚强的人为了一个目标，可以不在意别人的眼光，也不在乎一时的得失，即使受到打击，他们也愿意忍住悲伤，一次次站起来，因为他们始终坚持自己的目标，知道如果倒下，就不能实现自己的愿望。

坚强的人有时甚至有点儿"傻"，就像故事中的那个男孩，一遍又一遍地背单词、做习题。如果付出比别人多数倍的努力，得到的可能是不如别人的成绩，如果能接受这种状况，并且愿意继续努力，这就是坚强。梅花香自苦寒来，坚强的人能够忍他人所不能忍的，一定会做出一番他人不能企及的成就。

**1.坦然地接受失去，对自己说："没什么。"**

导致内向者敏感的原因很多，很重要的一个原因就是失败与失去。内向者的付出往往比别人多，所遭受的失败的打击也就更大，而失去是因为曾经拥有，内向的人一向懂得珍惜，失去对他们的伤害比一般人更重。

坚强的人会对自己说："这没什么。"这是一种自我安慰，更是在鼓励自己看向明天。"没什么"并不代表你不在乎，而是一种负责任的在乎。面对失败，最好的办法是重新开始，直到成功；面对失去，最好的选择是珍惜自己，即使不能失而复得，也要在自己的心中留下一个美好的印象，你过得好，那份印象也会格外美丽，否则，它只是你失败的注脚。

**2.要有百折不挠的毅力**

一个人想要变得坚强，就要有克服困难、超越自我的毅力。毅力代表着时间和精力的持久、专注，能否扛住打击、顶住压力、不计较得失、一心一意地做一件事，代表着你是否有毅力。毅力是成功者具备的共同素质，没有毅力的人，做事做不精，也做不长，只适合顺风散步，不能逆风飞翔。想要坚强，就要磨砺自己，用毅力说话。

**3.让自己笨一点儿、傻一点儿、苦一点儿**

有些时候，"笨"不代表智商低，而是代表实现目标下的苦功；"傻"不代表情商低，而是即使别人说了这么做没意义，他们依然会坚持到底，有一种坚韧不拔的干劲儿；"苦"也不代表人生的悲惨，而代表一种人生境界。

想要实现目标，不要总是想着走捷径，而是要让自己坚强一点儿，主动吃苦、懂得犯傻，更要会做"笨"功。在磨难中，你会发现自己的承受能力越来越强，逐渐告别敏感，如此，你不再关注身边的干扰，而是关心自己有没有进步，这时候，你会离梦想越来越近。

**4.坚定梦想，永远不要丧失信心**

坚强需要一个支点，这个支点也是人生进取的动力，这个支点就是你对未来的梦想。你期望自己成为一个什么样的人？你想要过哪一种生活？

梦想是一种力量，能够激励你作出改变，让脆弱的你变得坚强有力，勇敢地选择自己的路。

信心是坚强最好的伙伴，当你下定决心，就一定要对自己充满信心，不要在乎打击，所有的打击都只是成功的预演、前进道路上的考验。坚强是一种质朴而强大的力量，它让人们脆弱的神经不断强化，让双手与双脚更加有力，让人们相信彩虹总是在风雨之后，努力的人一定会有出头之日。

## 越是内向，越要表明态度

内向的人在人际交往中总会遇到一个难关：表态。我们也许有过这样的经验：让内向者表态是痛苦的，因为他们总是吞吞吐吐的，不要认为他们没有思考能力，其实他们可能满肚子学问、很有见地。

致使内向的人为表态而痛苦的原因有三个：首先，他们克制不了自卑意识，担心说出的话不被重视和接受，不如不说；其次，他们对表态这个行为非常谨慎，需要考虑很多事，这就让他们看上去总是迟迟不愿表态；最后，一旦别人表了态，他们考虑的事情就更多：例如说话会不会得罪人、会不会让人难以接受，等等，于是他们干脆不表态。就因为如此，内向者经常给人一种唯唯诺诺的印象。

表态同样是一种释放，在心里有主意是不够的，如果你不能把自己的主意说出来并付诸实践，它仅仅是你心头的一个念头。内向者很容易被人控制情绪，所以你更要在被影响之前首先发出声音、奠定自己做事的基调，如此一来，才能坚定不移地走自己的路。否则就会变成别人说什么你听什么，别人做什么你附和什么，似乎完全没有自己的主意。

森林里有一只内向的狮子，它有点儿胆小，不爱说话，听到风吹草动就吓得逃命，常常让其他动物哭笑不得。不过，这只狮子温和又善良，不像其他巨型动物那样动辄耀武扬威，森林里的动物都很喜欢这只狮子。

乌鸦最喜欢找狮子聊天，聊着聊着它就开始吹嘘自己的歌喉，然后唱歌给狮子听，乌鸦的嗓子嘶哑，唱起歌来没有调子，狮子听着非常痛苦。因为不想伤害乌鸦的自尊心，狮子从来不对乌鸦提出意见。

没想到乌鸦越唱越起劲儿，每天都要对狮子唱上几个钟头，还对狮子说："我终于发现我是个天才歌手，有一天当我像夜莺一样开演唱会的时候，一定让你坐特等席！"狮子唯唯诺诺地答应着，心里却苦不堪言，心想，究竟什么时候它才能不听乌鸦这难听的歌呢？

内向的人常被人评价为"老实"、"实在"，就像故事中的这只狮子，耐着性子一次一次地听乌鸦唱歌，有些人也许会认为它善良，也有人会暗自笑它自作自受。明明别人做了让自己不满的事，却不去指责，也不去提醒，这会给对方造成一种错觉：他不讨厌这样。所以，结果也只能由这个不表示明确态度的人承担，在这个故事中，错者不是乌鸦，而是狮子。

很多时候，内向的人在表态时不知如何说话，干脆选择沉默，却忘了有句话叫："沉默就等于默认。"你真的想"默认"吗？如果不想，就要说句拒绝的话。不表明态度，就让人认为你没有态度，继而认为你没有主见，最后断定你根本没有见识，什么事都不必问你。事实上，没有态度的人经常被人忽视甚至轻视。

越是内向的人越要敢于表明态度,这也是实现人格独立的一个很重要的步骤,想要别人正视你,就要有属于自己的声音;想要别人重视你,就要尽量展现自己的优秀。学会对人、对事表明态度是获得他人尊重的第一步。那么,如何更好地表明你的态度呢?

**1.明确地说出你的喜好**

在谈话中,什么话题最能代表一个人的性格?恐怕要属他的喜好。一个做什么都"随便"的人,不会让人感觉随性,只会让人觉得他对什么都不满意,与其如此,不如直接说出自己的喜好,喜欢就是喜欢,不喜欢就说不感兴趣。其实,每个人都有尊重他人的意识,你说出了自己的喜好,他们和你交往的时候就会注意一些问题,让你们的关系更加融洽。

内向的人将喜好当作自己的隐私,有时候不愿和人分享。不妨拿出你认为不要紧的部分让别人知道,总之,要让别人了解你的喜好,你才是个有血有肉的存在。

**2.要注意表态时的方法**

表态时需要注意方法,表态并不是要与人作对,即使你与对方的观点相悖;表态也不是誓师大会,即使那代表了你的决心。表态时,声音需要坚定,但也不需要提高声调、情绪激动,此外,神色不要闪躲、慌张,那都会让人觉得你的表态是违心之论。

人际关系有很复杂的一面,有的时候,表态代表了你的立场,就像历史上有名的"指鹿为马",表态的群臣实际上在完成一次"站队",这个时候,你需要谨慎,并且为自己的选择负责。世界上没有那么多的两全其美,不要害怕被牵扯,深思熟虑的抉择,本身就具有意义。

**3.要勇于维护自己的权利**

内向的人常常吃亏,一半是因为他们好脾气,一半是因为他们自己不懂得维护应有的利益，有些时候甚至不知道自己吃了亏。如果一个人总是不重视自己的权利，就会被人当成软柿子随便捏，要知道维护自己的权利是天经地义的事。

内向的人很难把人与人的关系理解为某种利益关系，举个例子，他们付钱买了货物，售后原本就是商家的责任，但当货物出现问题，他们不敢理直气壮地去找商家，反倒会想自己会不会给店家添麻烦。有人情味儿固然好，但要想想你支付的金钱原本就包含了售后服务，这个时候不要一味地为别人考虑，你也该学会多为自己考虑。

表明态度是实现人格独立的开始，当你学会面对抉择、说出抉择时，也就面对了责任、承担了责任。内向的人通过表达立场，能够逐渐改掉回避问题的习惯，当他们越来越多地发出自己的声音，在这个过程中，他们便成功地进入了外向世界。

## 放弃依赖，人格不需要拐杖

内向的人心中最大的愿望是什么？身边有一个或很多个值得他们依赖的人。这种充满温情与依恋的情怀无可厚非，谁不希望身边有个依靠？悲伤的时候能够给你安慰；困难的时候愿意提供帮助；迷茫的时候能提出善意而有效的见解……有这样的人陪着自己，无论何时，心都是踏实的、温暖的。

但在内向的人身上，事情会变得稍微复杂一些。内向的人一旦形成依赖心理，他们的依赖就会延伸到生活的各个方面，简直像藤蔓附着在墙壁上，无论怎样也不愿与对方分开，一旦对方不在，他们就会失去支撑，完全没有应对问题的能力。他们太过依赖那些自己信任的人，却忘记了每个人都有自己的生活，没有人能够时时刻刻地陪着自己。

依赖他人并不是错，错在过分依赖，把对方当作自己思想的一部分，需要借助对方才能做事。就像一个残疾人，失去拐杖就不能走路，过分依赖就是人格的拐杖，如果失去仰仗，就寸步难行。这与独立的含义背道而驰，想要独立，就不能过分依赖什么，或者说，一个独立的人过分依靠的事物只有一件：自己的能力。

美国石油大王洛克菲勒的孙子曾经讲过这样一件事。

在他还很小的时候，有一次在花园爬梯子玩，他的个子太矮，爬不上高高的梯子，但又想站在梯子上俯瞰花园的花草，于是他向自己的爷爷求助。

洛克菲勒爽快地答应了他，扶着他的身子让他一步一步地往上爬，可是爬到一半的时候，他突然发现爷爷的双手松开了，他一慌，脚下踩不稳，整个人滚了下去，摔得鼻青脸肿。从此以后，他明白谁的帮助都不可靠，只有自己才是靠得住的。

长大后，当他再一次和爷爷提起这件事，洛克菲勒承认他是故意松开了双手，他想在孙子幼小的心灵里留下这样的印象：凡事要靠自己，不要依赖他人。

很多人不愿意接受一个残忍的事实：没有人能一直帮助你、保护你，但是，那个告诉你事实的人实际上是真正关心你的人。就像故事中的洛克菲勒，他疼爱自己的孙子，害怕孙子在温室中失去独立的能力，失去对事物的体察与洞见，所以在他很小的时候就告诉他，人必须依靠自己，而不是在遇到困难的第一时间向他人呼救。

何况，看别人吃饭，并不能填饱你自己的肚子。寄希望于别人协助你，如果那些人刚好要忙自己的事，你还做不做事？或者，你还能不能把事情办成功？如果答案是肯定的，那么既然自己能做好，为什么一定要麻烦别人呢？如果答案是否定的，你首先要检讨自己的能力，考虑如何提高自己才能成功，而不是在别人身上找原因。

一个人想要拥有独立的人格，必须放弃对他人的过度依赖，这些依赖既包括行动上的求助，也包括心理上的遵从。如何让自己一步步地独立起来？请参考以下一些方法：

**1.不要总是希望别人来帮自己**

首先你要弄清楚一件事：别人没有义务围着你转，别人对你付出是一种情分，而不是必须要做的事。总是希望别人帮自己做事的人有一种以自我为中心的心态，他们把自己放在被帮助的地位，在实际上变成了一种示弱。但是，你真的那么没用吗？

何况，当你将自己应该完成的事交给别人，你就丧失了一个学习、成长的机会，这是你自己的损失。一时的省事会造成长久的惰性，一旦帮助你的人不在了，你就会觉得自己连最简单的事都做不好，一切都要重新学起，早知如此，当初就应该勤快一点儿。

**2.不要总是听别人的意见**

依赖不仅体现在行动上，依赖在更多的时候是一种情结、一种对他人意见的深信不疑，一旦少了这些意见，你就会再也拿不定主意，你会觉得自己像个没有颜料的画家、没有汽油的赛车手、没有木头的雕刻师……总之，你把别人当成了你的宝库，整天想着借助别人的想法和建议。

有时候，你面对的是别人的很多的建议，让你不知道如何选择，你习惯了相信一些人，当他们意见相左时，你自己也会变得思维混乱，这就是过分依赖所带来的坏处。

**3.要有独立思考的能力，拿出自己的主意**

人必须学会独立思考，有了自己的主意才能放下拐杖、独立做事。独立思考的能力是根据自己现有的经验判断一件事，得出对与错、善与恶、行与不行等结论，如果思考得更深入，你也能分析出它的成因和发展趋势。也许此刻的你还没有那么多的分析能力，但随着你思考的深入，这种能力也会一步步加深。

有些意见对你有好处，有些意见未必适合你，你不需要对任何人言听计从，是时候按照自己的想法做事了，即使你因为自己的想法摔了跟头，也会在摸爬滚打中总结出属于自己的一套经验。还要注意的是，过分执着于自己的念头难免会走弯路，把他人的经验和自己的主意结合起来，小心尝试，才是成功的最佳途径。

图书在版编目（CIP）数据

拥抱内向的自己 / 庄立著 . —北京：中国华侨出版社，2016.3

ISBN 978-7-5113-6014-4

Ⅰ.①拥… Ⅱ.①庄… Ⅲ.①内倾性格–通俗读物 Ⅳ.① B848.6-49

中国版本图书馆 CIP 数据核字（2016）第 055864 号

## 拥抱内向的自己

| | |
|---|---|
| 著　　者 / | 庄　立 |
| 责任编辑 / | 叶　子 |
| 责任校对 / | 孙　丽 |
| 经　　销 / | 新华书店 |
| 开　　本 / | 787 毫米 × 1092 毫米　1/16　印张 /21　字数 /292 千字 |
| 印　　刷 / | 北京怀柔溢漾印刷有限公司 |
| 版　　次 / | 2016 年 5 月第 1 版　2016 年 5 月第 1 次印刷 |
| 书　　号 / | ISBN 978-7-5113-6014-4 |
| 定　　价 / | 38.00 元 |

中国华侨出版社　北京市朝阳区静安里 26 号通成达大厦 3 层　邮编：100028
法律顾问：陈鹰律师事务所
编辑部：（010）64443056　64443979
发行部：（010）64443051　传真：（010）64439708
网址：www.oveaschin.com
E-mail：oveaschin@sina.com